施工现场十大员技术管理手册

造 价 员

（第三版）

上海家树建筑工程有限公司
上海市建筑施工行业协会工程质量安全专业委员会
主　编　邹小锋
副主编　胡永辉
主　审　任榴春

中国建筑工业出版社

图书在版编目（CIP）数据

造价员/邹小锋主编. —3 版. —北京：中国建筑工业出版社，2015.12
（施工现场十大员技术管理手册）
ISBN 978-7-112-18593-1

Ⅰ.①造… Ⅱ.①邹… Ⅲ.①建筑造价管理-技术手册 Ⅳ.①TU723.3-62

中国版本图书馆 CIP 数据核字（2015）第 250509 号

施工现场十大员技术管理手册

造 价 员

（第三版）

上海家树建筑工程有限公司
上海市建筑施工行业协会工程质量安全专业委员会
主 编 邹小锋
副主编 胡永辉
主 审 任榴春

*

中国建筑工业出版社出版、发行（北京西郊百万庄）
各地新华书店、建筑书店经销
霸州市顺浩图文科技发展有限公司制版
北京云浩印刷有限责任公司印刷
*
开本：850×1168 毫米 1/32 印张：9⅞ 字数：263 千字
2016 年 3 月第三版 2016 年 3 月第十四次印刷
定价：24.00 元
ISBN 978-7-112-18593-1
（27853）

本书是"施工现场十大员技术管理手册"中的一本，系统介绍了施工现场造价员的职责范围，必须遵循的国家新颁发的相关法律法规、标准规范及政府管理性文件，专业管理的基本内容分类及基础理论，工作运作程序、方法与要点，专业管理涉及的新技术、新管理、新要求及重要常用表式。

　　本书包括10章，分别是：建设工程造价基本知识、工程建设定额基本知识、建设工程劳动定额应用、建筑面积计算与应用、建筑安装工程费用各类组成及计算、工程量清单计量和计价及费用构成、施工阶段工程预算执行与处理、造价从业人员管理、建设工程定额清单应用实例、建设工程图例与符号。

　　本书可用于施工现场一线各类技术工种操作人员的业务培训教材，也可作为高等专业学校及建筑施工技术管理职业培训机构的教材。

责任编辑：郦锁林　万　李
责任校对：李欣慰　刘梦然

施工现场十大员技术管理手册
（第三版）
编　委　会

主　　任：黄忠辉

副 主 任：姜　敏　　潘延平　　薛　强

编　　委：张国琮　　张常庆　　辛达帆　　金磊铭

　　　　　邱　震　　叶佰铭　　陈　兆　　韩佳燕

本书编委会

主编单位：上海家树建筑工程有限公司
上海市建筑施工行业协会工程质量
安全专业委员会

主　　编：邹小锋

副 主 编：胡永辉

主　　审：任榴春

编写人员：桑苗灿　顾利方　罗钰弘　曹　华
章国森　任晓春　吴爱玲　邹秋锋
严文青　邹梦蛟　孙利莉　丁昊君
陈　炯　杨　军　章宝荣　朱大军
王国渊　何　永　傅兴君

前　言

　　《施工现场十大员技术管理手册》（第三版）是在中国建筑工业出版社2001年出版发行的第二版的基础上修订而成。覆盖了施工现场项目第一线的技术管理关键岗位人员的技术、业务与管理基本理论知识与实践适用技巧。本套丛书在保留原丛书内容贴近施工现场实际，简洁、朴实、易学、易掌握需求的同时，融入了近年来建筑与市政工程规模日益高、大、深、新、重发展的趋势，充实了近段时期涌现的新结构、新材料、新工艺、新设备及绿色施工的精华，并力求与国际建设工程现代化管理实务接轨。因此，本套丛书具有新时代技术管理知识升级创新的特点，更适合新一代知识型专业管理人员的使用，其出版将促进我国建设项目有序、高效和高质量的实施，全面提升我国建筑与市政工程现场管理的水平。

　　本套丛书中的十大员，包括：施工员、质量员、造价员、材料员、安全员、试验员、测量员、机械员、资料员、现场电工。系统介绍了施工现场各类专业管理人员的职责范围，必须遵循的国家新颁发的相关法律法规、标准规范及政府管理性文件，专业管理的基本内容分类及基础理论，工作运作程序、方法与要点，专业管理涉及的新技术、新管理、新要求及重要常用表式。各专业丛书表述通俗简明易懂，实现了现场技术的实际操作性与管理系统性的融合及专业人员应知应会与能用善用的要求。

　　本套丛书为建筑与市政工程施工现场技术专业管理人员提供了操作性指导文本，并可用于施工现场一线各类技术工种操作人员的业务培训教材；既可作为高等专业学校及建筑施工技术管理职业培训机构的教材，也可作为建筑施工科研单位、政府建筑业管理部门与监督机构及相关技术管理咨询中介机构专业技术管理人员的参考书。

本套丛书在修订过程中得到了上海市住房和城乡建设管理委员会，上海市建设工程安全质量监督总站、上海市建筑施工行业协会及其他相关协会的指导，上海地区一批高水平且具有丰富实际经验的专家与行家参与丛书的编写活动。丛书各分册的作者耗费了大量的心血与精力，在此谨向本套丛书修订过程的指导者和参与者表示衷心感谢。

由于我国建筑与市政工程建设创新趋势迅猛，各类技术管理知识日新月异，因此本套丛书难免有不妥之处，敬请广大读者批评指正，以便在今后修订中更趋完善。

愿《施工现场十大员技术管理手册》（第三版）为建筑业工程质量整治两年行动的实施，建筑与市政工程施工现场技术管理的全方位提升作出贡献。

目　　录

1 建设工程造价基本知识

建设工程造价是工程项目在建设期预计或实际支出的建设费用。工程造价管理是综合运用管理学、经济学和工程技术等方面的知识与技能，对工程造价进行预测、计划、控制、核算、分析和评价等的工作过程。

建设工程造价施工阶段造价管理包括制定造价控制的实施细则；编制明细工程款现金流量图表、工程用款计划书；编审每月（期）完成工作量月报表，并提供当月（期）付款建议书；钢筋及预埋件计算，编审设计或合同变更、现场签证发生的费用索赔；参与工程造价有关的工程会议，提供造价控制动态分析报告；编审分阶段完工的分部工程结算；办结工程竣工结算；提供整套结算报告及各项费用汇总表交业主归档；提供人工、材料、设备等造价信息。

1.1 工程项目建设概述

1.1.1 建设项目

建设项目，是指在一个总体设计或初步设计范围内，由一个或几个单项工程所组成，经济上实行统一核算，行政上实行统一管理的建设单位。一般以一个企业（或联合企业）、事业单位或独立工程作为一个建设项目。现有企业按照规定用基本建设投资单纯购置设备、工具、器具，不作为基本建设项目。

（1）建设项目中的单项工程，是指建成后能够独立发挥效能或生产设计规定的主要产品的车间或工程。油田、化工、电站等大型联合企业和铁路枢纽、港口等建设周期长、规模大的建设项目，编制计划要列出能生产设计规定产品或独立发挥设计规定效益的主要单项工程。

（2）凡属于一个总体设计的主体工程和相应的附属配套工程、综合利用工程、环境保护工程、供水供电工程，以及水库的干渠配套工程等，只作为一个建设项目。

（3）凡是不属于总体设计、经济上分别核算、工艺流程上有直接关联的几个独立工程，应分别列为几个建设项目，不能捆在一起作为一个建设项目。大型联合企业和资源开发等施工周期长的大型建设项目，应统一规划，分期建设。一期工程未完，一般不应同时进行二期工程的建设。

1.1.2 不属于基本建设范围的活动

为了正确反映基本建设项目的规模和效益，下列情况虽有一定的建筑施工活动，但不作为国家计划基本建设项目：

（1）用更新改造资金、大修理基金和维护费等安排的现有企业维持简单再生产和更新改造工程，以及用其他各种专项资金，按规定安排的专项用途，均不属于基本建设范围。

（2）经过批准的筹建项目，在未正式开工时进行的各项施工准备工作，如勘察设计、征地拆迁等；为了缩短基本建设战线，对经计划机关批准的停、缓建项目进行的必要的维持工程。

（3）建设项目建成后经验收鉴定，已移交生产、在设计范围内进行的零星收尾工程，不作为大中型项目。

1.1.3 建设项目划分

建设项目分为新建、改扩建和续建项目。

（1）新建项目，是指在计划期内，从无到"平地起家"开始建设的项目。

（2）改扩建项目，是指原有企业、事业单位，为了扩大主要产品的设计能力或增加新效益，在计划期内进行改扩建的项目。

（3）续建项目，是指过去年度已正式开工，在计划期内继续进行施工的项目。

1.1.4 建设项目的建成投产

建设项目的建成投产，是反映基本建设成果、考核投资效果的重要标志。

（1）全部建成投产，是指整个建设项目的所有生产性车间以及相应的辅助设施，按设计要求全部建成，经负荷试运转证明具备生产设计规定的合格产品的条件，并经验收鉴定，移交生产的项目。

（2）建成投产的单项工程，是指整个建设项目尚未建成，其中某一主要单项工程已按设计要求建成，经负荷试运转证明具备生产合格产品的条件，并经验收鉴定，移交生产的工程。

1.1.5 基本建设大中小型项目

（1）基本建设大中小型项目，是按项目的建设总规模或总投资来确定的。新建项目按一个项目的全部设计能力或所需的全部投资（总概算）计算；扩建项目按扩建新增的设计能力或扩建所需投资（扩建总概算）计算，不包括扩建前原有的生产能力。

（2）凡是产品为全国服务，或者对生产新产品、采用新技术等具有重大意义的项目，以及边远的、经济基础比较薄弱的省、区和少数民族地区，对发展地区经济有重大作用的建设项目，其设计规模和总投资虽不够规定的标准，经国家有关部门批准，也可以按大中型建设项目管理。

（3）基本建设项目大中型划分标准参照《关于基本建设项目和大中型划分标准的规定》执行。目前大中型项目标准未变，但国家和地方发改委审批限额有所调整，为与国家管理规定取得一致，大中型项目划分应按规定作相应调整。

1.2　建设工程分类

建设工程按自然属性可分为建筑工程、土木工程和机电工程三大类，按使用功能可分为房屋建筑工程、铁路工程、公路工程、水利工程、市政工程、煤炭矿山工程、水运工程、海洋工程、民航工程、商业与物资工程、农业工程、林业工程、粮食工程、石油天然气工程、海洋石油工程、火电工程、水电工程、核工业工程、建材工程、冶金工程、有色金属工程、石化工程、化工工程、医药工程、机械工程、航天与航空工程、兵器与船舶工程、轻工工程、纺织工程、电子与通信工程和广播电影电视工程等；各行业建设工程可按自然属性进行分类和组合。

1.2.1 建筑工程

1. 一般规定

建筑工程按照使用性质可分为民用建筑工程、工业建筑工程、构筑物工程及其他建筑工程等。建筑工程按照组成结构可分为地基与基础工程、主体结构工程、建筑屋面工程、建筑装饰装修工程和室外建筑工程。建筑工程按照空间位置可分为地下工程、地上工程、水下工程、水上工程等。

2. 民用建筑工程

民用建筑工程按用途分为居住建筑、办公建筑、旅馆酒店建筑、商业建筑、居民服务建筑、文化建筑、教育建筑、体育建筑、卫生建筑、科研建筑、交通建筑、人防建筑、广播电影电视建筑等。

（1）居住建筑按使用功能不同可分为别墅、公寓、普通住宅、集体宿舍等，按照地上层数和高度分为低层建筑、多层建筑、中高层建筑、高层建筑和超高层建筑。

（2）办公建筑按地上层数和高度可分为单层建筑、多层建筑、高层建筑、超高层建筑。

（3）旅馆酒店建筑可分为旅游饭店、普通旅馆、招待所等。

（4）商业建筑按照用途可分为百货商场、综合商厦、购物中心、会展中心、超市、菜市场、专业商店等，按其建筑面积划分可分为大型商业建筑、中型商业建筑和小型商业建筑。

（5）居民服务建筑分为餐饮用房屋、银行营业和证券营业用房屋、电信及计算机服务用房屋、邮政用房屋、居住小区的会所以及洗染店、洗浴室、理发美容店、家电维修、殡仪馆等生活服务用房屋。

（6）文化建筑可分为文艺演出用房、艺术展览用房、图书

4

馆、纪念馆、档案馆、博物馆、文化宫、游乐场馆、电影院（含影城）、宗教寺院以及舞厅、歌厅、游艺厅等用房。文化建筑按其建筑面积可分为大型文化建筑、中型文化建筑和小型文化建筑。

（7）教育建筑可分为各类学校的教学楼、图书馆、试验室、体育馆、展览馆等教育用房。

（8）体育建筑可分为体育馆、体育场、游泳馆、跳水馆等。体育场按照规模可分为特大型、大型、中型和小型。

（9）卫生建筑可分为各类医疗机构的病房、医技楼、门诊部、保健站、卫生所、化验室、药房、病案室、太平间等房屋。

（10）交通建筑可分为机场航站楼、机场指挥塔、交通枢纽、停车楼、高速公路服务区用房，汽车、铁路和城市轨道交通车站的站房，港口码头建筑等工程。

（11）广播电影电视建筑可分为广播电台、电视台、发射台（站）、地球站、监测台（站）、广播电视节目监管建筑、有线电视网络中心、综合发射塔（含机房、塔座、塔楼等）等工程。

3. 工业建筑

（1）工业建筑工程分为厂房（机房、车间）、仓库、辅助附属设施等。

（2）仓库按用途可划分为各行业企事业单位的成品库、原材料库、物资储备库、冷藏库等。

（3）厂房（机房）包括各行业工矿企业用于生产的工业厂房和机房等，按照高度和层数可分为单层厂房、多层厂房和高层厂房，按照跨度可分为大型厂房、中型厂房、小型厂房。

4. 构筑物工程

（1）构筑物工程可分为工业构筑物、民用构筑物和水工构筑物等。

（2）工业构筑物工程可分为冷却塔、观测塔、烟囱、烟道、井架、井塔、筒仓、栈桥、架空索道、装卸平台、槽仓、地道等。

（3）民用构筑物可分为电视塔（信号发射塔）、纪念塔（碑）、广告牌（塔）等。

（4）水工构筑物可分为沟、池、沉井、水塔等。

1.2.2　土木工程

土木工程可分为道路工程、轨道交通工程、桥涵工程、隧道工程、水工工程、矿山工程、架线与管沟工程、其他土木工程。

1.2.3　机电工程

机电工程可分为机械设备工程、静置设备与工艺金属结构工程、电气工程、自动化控制仪表工程、建筑智能化工程、管道工程、消防工程、净化工程、通风与空调工程、设备及管道防腐蚀与绝热工程、工业炉工程、电子与通信及广电工程等。

1.3　建设工程计价设备材料分类

设备材料划分是建设工程计价的基础，在编制工程造价有关文件时，对属于设备范畴的相关费用应列入设备购置费，对属于材料范畴的相关费用应按专业分类分别列入建筑工程费或安装工程费。为规范建设项目的工程计价，应对工程计价活动中设备材料进行划分，以及设备材料费用进行归类和计算。工程造价文件的编制涉及设备材料划分时，应符合国家现行有关标准的规定。

1.3.1　设备材料费用归类与计算

（1）在进行工程计价文件编制时，未明确由建设单位供应的设备，其中建筑设备费用应作为计算营业税、城乡建设维护税及教育费附加的基数，工艺设备和工艺性主要材料费用不应作为计算建筑安装工程营业税、城乡建设维护税及教育费附加的基数。明确由建设单位供应的设备，其设备费用不应作为计算建筑安装工程营业税、城乡建设维护税及教育费附加的基数。

（2）进行工程计价时，凡属于设备范畴的有关费用均应列入设备购置费，凡属于材料范畴的有关费用可按专业类别分别列入建筑工程费或安装工程费。

（3）工业、交通等项目中的建筑设备购置有关费用应列入建筑工程费。

（4）单一的房屋建筑工程项目的建筑设备购置有关费用宜列入建筑工程费。

（5）由于非设备供应厂家原因的设备不完整或缺陷而进行修复所发生的修理、配套、改造、检验费用应计入设备购置费。

1.3.2 通用安装工程设备材料划分

（1）通用设备安装工程的类别应分为：机械设备工程、电气设备工程、热力设备工程、炉窑砌筑工程、静置设备及工艺金属结构制作工程、管道工程、电子信息工程、给水排水及燃气、供暖工程、通风空调工程、自动化控制仪表工程。

（2）通用设备安装工程设备材料划分应执行表 1-1 的具体规定。

通用设备安装工程设备材料划分　　　　表 1-1

类 别	设 备	材 料
机械设备工程	机械设备、延压成型设备、起重设备、输送设备、搬运设备、装载设备、给料和取料设备、电梯、风机、泵、压缩机、气体站设备、煤气发生设备、工业炉设备、热处理设备、矿山采掘及钻探设备、破碎筛分设备、洗选设备、污染防治设备、冲灰渣设备、液压润滑系统设备、建筑工程机械、衡器、其他机械设备、附属设备等及其全套附属零部件	设备本体以外的行车轨道、滑触线、电梯的滑轨、金属构件等； 设备本体进、出口第一个法兰阀门以外的配管、管件、密封件等
电气设备工程	发电机、电动机、变频调速装置； 变压器、互感器、调压器、移相器、电抗器、高压断路器、高压熔断器、稳压器、电源调整器、高压隔离开关、油开关； 装置式（万能式）空气开关、电容器、接触器、继电器、蓄电池、主令（鼓型）控制器、磁力启动器、电磁铁、电阻器、变阻器、快速自动开关、交直流报警器、避雷器； 成套供应高低压、直流、动力控制柜、屏、箱、盘及其随设备带来的母线、支持瓷瓶； 太阳能光伏，封闭母线，35kV 及以上输电线路工程电缆； 舞台灯光、专业灯具等特殊照明装置	电缆、电线、母线、管材、型钢、桥架、立柱、托臂、线槽、灯具、开关、插座、按钮、电扇、铁壳开关、电笛、电铃、电表； 刀型开关、保险器、杆上避雷针、绝缘子、金具、电线杆、铁塔、锚固件、支架等金属构件； 照明配电箱、电度表箱、插座箱、户内端子箱的壳体； 防雷及接地导线； 一般建筑装饰照明装置和灯具、景观亮化饰灯

类　别	设　备	材　料
热力设备工程	成套或散装到货的锅炉及其附属设备、汽轮发电机及其附属设备、热交换设备； 热力系统的除氧器水箱和疏水箱、工业水系统的工业水箱、油冷却系统的油箱、酸碱系统的酸碱储存槽； 循环水系统的旋转滤网、启闭装置的启闭机械、水处理设备	钢板闸门及拦污栅、启闭装置的启闭架等； 随锅炉墙砌筑时埋置的铸铁块、预埋件、挂钩、支架及金属构件等
炉窑砌筑工程	依附于炉窑本体的金属铸件、锻件、加工件及测温装置、仪器仪表、消烟、回收、除尘装置； 安置在炉窑中的成品炉管、电机、鼓风机、推动炉体的拖轮、齿轮等传动装置和提升装置； 与炉窑配套的燃料供应和燃烧设备； 随炉供应的金具、耐火衬里、炉体金属预埋件	现场砌筑、制作与安装用的耐火、耐酸、保温、防腐、捣打料、绝热纤维、白云石、玄武岩、金具、炉管、预埋件、填料等
静置设备及工艺金属结构制作工程	制造厂以成品或半成品形式供货的各种容器、反应器、热交换器、塔器、电解槽等非标设备； 工艺设备在试车必须填充的一次性填充材料、药品、油脂等	由施工企业现场制作的容器、平台、梯子、栏杆及其他金属结构件等
管道工程	压力≥10MPa，且直径≥600mm的高压阀门；直径≥600mm的各类阀门、膨胀节、伸缩器； 距离≥25km金属管道及其管段、管件（弯头、三通、冷弯管、绝缘接头）、清管器、收发球筒、机泵、加热炉、金属容器； 各类电动阀门，工艺有特殊要求的合金阀、真空阀及衬特别耐磨、耐腐蚀材料的专用阀门	一般管道、管件、阀门、法兰、配件及金属结构等
电子信息工程	雷达设备、导航设备、计算机信息设备、通信设备、音频视频设备、监视监控和调度设备、消防及报警设备、建筑智能设备、遥控遥测设备、电源控制及配套设备、防雷接地装置、电子生产工艺设备、成套供应的附属设备； 通信线路工程光缆	铁塔、电线、电缆、光缆、机柜、插头、插座、接头、支架、桥架、立杆、底座、灯具、管道、管件等； 现场制作安装的探测器、模块、控制器、水泵结合器等

类 别	设 备	材 料
给排水、燃气、采暖工程	加氯机、水射器、管式混合器、搅拌器等投药、消毒处理设备； 曝气器、生物转盘、压力滤池、压力容器罐、布水器、射流器、离子交换器、离心机、萃取设备、碱洗塔等水处理设备； 除污机、清污机、捞毛机等拦污设备； 吸泥机、撇渣机、刮泥机等排泥、撇渣、除砂设备，脱水机、压榨机、压滤机、过滤机等； 污泥收集、脱水设备； 开水炉、电热水器、容积式热交换器、蒸汽水加热器、冷热水混合器、太阳能集热器、消毒器（锅）、饮水器、采暖炉、膨胀水箱； 燃气加热设备、成品凝水缸、燃气调压装置	设备本体以外的各种滤网、钢板闸门、栅板及启闭装置的启闭架等； 管道、阀门、法兰、卫生洁具、水表、自制容器、支架、金属构件等； 散热器具，燃气表、气嘴、燃气灶具、燃气管道和附件等
通风空调工程	通风设备、除尘设备、空调设备、风机盘管、热冷空气幕、暖风机、制冷设备； 订制的过滤器、消声器、工作台、风淋室、静压箱	调节阀、风管、风口、风帽、散流器、百叶窗、罩类法兰及其配件，支吊架、加固框等； 现场制作的过滤器、消声器、工作台、风淋室、静压箱等
自动化控制仪表工程	成套供应的盘、箱、柜、屏及随主机配套供应的仪表； 工业计算机、过程检测、过程控制仪表，集中检测、集中监视与控制装置及仪表； 金属温度计、热电阻、热电偶	随管、线同时组合安装的一次部件、元件、配件等； 电缆、电线、桥架、立柱、托臂、支架、管道、管件、阀门等

1.3.3 运输和装运设备材料划分

（1）运输和装运包括车辆及装运设备、工业项目铁路专用线。

（2）运输和装运设备材料划分执行表1-2的具体规定。

运输和装运设备材料划分		表 1-2
车辆及装运设备	成套购置或组装的各类载客或运输车辆和随车辆购置的备胎、随车工具；装载机、卸车装置、爬斗及其钢绳、滑轮；振动给矿机，放矿闸门，前装机，挖掘机、推土机、犁土机；翻车机、推车机、阻车机、摇台、矿车、电机车、爬车机、调度绞车、架空索道及其驱动装置	钢轨、道岔、车档、滑触线、油料等
工业项目铁路专线	机车车辆和随车购置的附件、随车工具；集闭及微机联锁装置、各种盘箱	钢轨、道岔、车档、滑触线、油料等；线路工具、电瓷、电缆、道岔、量轨器等

1.4 工程造价信息数据

工程造价信息数据为建设工程造价的合理确定与有效控制提供了信息服务，对规范建设工程承发包各方主体的计价行为发挥了积极的引导作用。

1.4.1 工程造价信息平台

建设工程造价信息平台应包含政务信息、计价依据信息、工程造价指标、指数、价格信息等内容。其中政务信息包括建设工程造价管理相关的政策法规、行政许可、工作动态等内容；计价依据信息包括国家发布的计价规范、统一定额等，地方及行业发布的定额、估价表等内容；指标信息包括各类工程不同阶段的单位造价和消耗量信息，如人工成本信息、住宅造价信息、城市轨道交通造价信息等内容；价格信息包括人工、材料、机械等要素的单位价格等内容；指数信息包括不同时期造价指标和工料机价格的走势信息等内容。

1.4.2 工程造价数据管理

1. 工程造价数据收集

工程造价数据的收集要保证及时、真实、完整。各级工程造价管理机构应按照相关的工程造价成果文件备案制度，充分利用工程造价咨询企业、造价从业人员上报备案的造价成果文件，建立相应的数据收集工作机制，并应加强对各类建设工程造价编制软件开发的管理。

2. 工程造价数据管理

工程造价数据应以单项工程为单位，分阶段并按建设工程造价数据编码规则、建设工程造价数据标准进行管理。其中造价数据编码规则应符合规定。工程造价管理机构应对积累的工程造价数据进行分析、测算并建立数据库，为形成工程建设需要的工程造价指标、价格、指数信息提供数据支持。

1.4.3 工程造价数据编码

建设工程造价数据编码示意（图 1-1）如下：

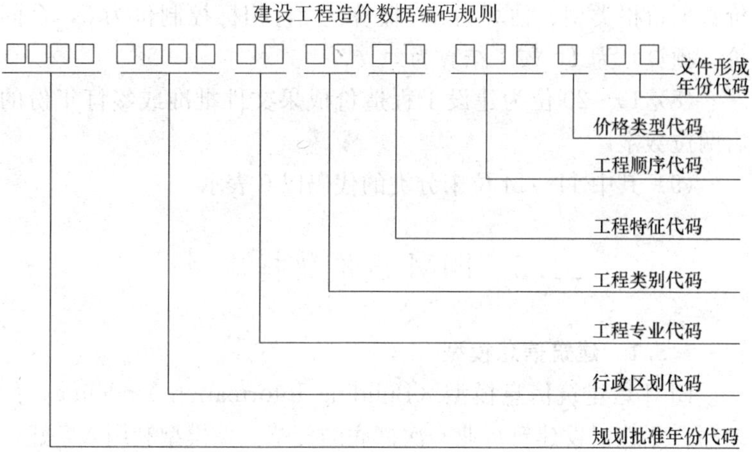

建设工程造价数据编码规则

图 1-1 建设工程造价数据编码示意

（1）1～4 位为规划批准年份代码，指建设工程项目规划立项文件批准年份。

（2）5～8 位为行政区划代码，代表建设工程项目所在地的行政区划。

（3）9～10 位为工程专业代码，代表建设工程项目所属专业。

（4）11～12 位为工程类别代码，代表建设工程项目所属工程类别。建筑工程、市政公用工程、城市轨道交通工程类别代码由住房城乡建设部统一制定。其他专业工程类别代码由各行业自行制定，交叉行业统一协调制定。

（5）13～14 位为工程特征代码，代表建设工程项目工程结构、装置等特征。建筑工程、市政公用工程、城市轨道交通工程特征代码由住房城乡建设部统一制定。其他专业工程特征代码由各行业自行制定，交叉行业统一协调制定。

（6）15～17 位为项目顺序代码，代表建设工程项目收集顺序。

（7）18 位为价格类型代码，代表建设工程项目不同阶段造价数据价格类型。估算为 1，概算为 2，招标控制价为 3，合同价（预算）为 4，竣工结算为 5。

（8）19～20 位为建设工程造价成果文件批准或签订年份的后两位数字。

（9）其中 11～14 位未分类的代码以 0 表示。

1.5 BIM 造价数据应用

1.5.1 建筑信息模型

BIM 是建筑信息模型（Building Information Modeling）的缩写，正在引发建筑行业一次彻底的变革。该模型利用数字建模软件，提高项目设计、建造和管理的效率，是以三维数字为基础，建设工程的整个寿命周期为主线，将建设工程的可行性研究、初步设计、技术设计、施工图设计、招标投标、施工、竣工移交、运营等各个环节并联起来，促进工程项目全生命周期各个阶段的数据共享，开展更密切的合作，将建造、施工和运营专业知识融入整个设计和造价管控，集合成建设工程整个寿命期的相关信息的数据模型。该模型利用数字建模软件，提高项目设计、建造和管理的效率，并给采用 BIM 的建筑企业带来新增价值。

（1）BIM技术在施工中可对设计进行进一步深化，通过BIM技术，对各标准构件的不同配筋形式及与其他构件的不同连接方式进行建模，并确定相关的连接方式及参数，视施工现场实际情况采用，可大大提高施工生产效率。

（2）采用BIM技术对施工过程中各种管线及各构件钢筋搭接的检测，通过BIM技术建模，虚拟各种施工条件下的管线布设、预制连接件吊装的模拟，提前发现施工现场存在的碰撞和冲突，利于显著减少设计变更，大大提高施工现场的生产效率。

（3）采用BIM技术对施工进度的模拟控制，采用BIM技术结合施工现场的三维激光扫描和高像素数码相机的全景扫描，将施工现场的空间信息和时间信息集合在一个可视的3D或4D的建筑模型中，对施工现场进度进行形象、具体、直观的模拟，便于合理、科学地制定施工进度计划，直观、精确地掌握施工进度，利于缩短工期，降低施工成本。

1.5.2　BIM技术与工程造价

工程造价是工程建设项目管理的核心指标之一，造价编制依托于两个基本工作：工程量计算和组价。在工程项目不同阶段，其造价编制依据和方法不同，工程造价也是通过逐步细化才明确的。项目前期（项目决策阶段和方案设计阶段）依据控规、方案设计图及估算指标等编制投资估算，施工图是从方案设计图和/或扩初图基础上细化设计而得到的，工程造价也是从工程项目估算和/或设计概算之后来编制施工图预算。设计图纸是面向建筑物实体展开和细化的，并逐步形成设计构件。构件是对设计构件进行的分类管理，按在建筑物中的功能和构成要素，对设计构件进行分类，形成层级类目表及其属性表，即建筑元素分类标准，其也是估算编制、指标积累、造价分析、方案比选等业务的基础标准内容。施工图设计阶段，各类构件的定义已经细化和明确，如其使用的材质、规格和相关施工工艺、工法等，其造价数据不再按构件来划分，而是采用材料和工种等方式（即清单项目或定额子目分类法）进行造价数据的组织，方便材料的采购和分包等。清单项目和定额子目是按材料和工种进行划分的，若想实现施工图预算编制就需要解决从构件到清单项目过渡的问题。BIM模型是一个存储项目构件信息的数据库，可以为造价人员提供造价编制所需的项目构件信息，从而大大减少根据图纸人工识别构件信息的工作量以及由此引起的潜在错误。

（1）造价人员利用设计人员建立的BIM模型中的信息进行造价编制，首先必须对设计过程形成的信息进行过滤，得到满足项目不同阶段编制造价精细程度需要的项目信息，即设计提供信息和编制造价需要信息的匹配。

（2）造价人员需要对造价结果负责，必须在设计早期介入，和设计人员一起定义构件的信息组成，否则将会需要花费大量时间对设计人员提供的BIM模型进行校验和修改。

（3）工程造价不仅仅由工程量和价格决定，还跟施工方法、施工工序、施工条件等约束条件有关，需要根据工程项目和企业情况建立BIM模型工作标准，如建筑元素分类标准、清单计价规范以及是采用企业定额还是预算定额进行组价等确定标准。

1.5.3 BIM 编制造价的实施方法

按照专业分工要求，BIM编制造价的实施方法，一是设计师提供的BIM模型里增加编制造价需要的专门信息，设计信息和造价信息高度集成，设计修改能够自动改变造价，反之，造价对设计的修改也能在设计模型中反映出来，对设计、施工、造价等参与方的协同要求比较高；二是把BIM模型里面已经有的项目信息抽取出来或者和现有的编制造价信息建立连接，在软件产品和人员操作层面实现起来相对比较容易，不管是设计变化引起造价变化还是造价变化反过来导致设计变化都需要人工来进行管理和操作，需要在设计和造价之间建立一个沟通桥梁。这两种方法形成的就是基于BIM的造价信息模型。

目前与BIM最贴近的造价应用就是计算工程量软件，需要整合算量和计价软件，实现基于BIM编制造价的需求。不仅提高了造价编制的工作效率以及信息描述的准确性、一致性和规范性，而且为基于建筑元素分类标准口径和清单项目口径的造价指标数据积累和应用打下基础。

施工图预算编制依据和采用的信息标准是清单项目和定额子目，施工图设计采用的是设计构件进行信息表述的 IFC 文件中的设计构件的信息传递到编制造价所需的清单项目。清单项目单价水平主要是清单的项目特征，实质上就是构件属性信息与清单项目特征的匹配。据此可以与组价的预算定额进行匹配实现自动组价功能，或依据历史工程积累的相似清单项目综合单价进行匹配，实现快速组价功能。实现了清单项目特征描述的标准化，以及构件属性信息与清单项目特征匹配，这样会非常便于在项目前期（决策阶段和方案设计阶段）基于构件属性调整（项目信息调整）实现快速编制造价的工作。

1.5.4 BIM 技术的成本核算

造价人员可以从应用 BIM 来进行工程量的计算，进一步利用 BIM 工具提供施工阶段的成本核算。造价人员可以根据建设项目实施情况决定采用哪一种方法：

（1）利用应用程序接口在 BIM 软件和成本预算软件中建立连接，这里的应用程序接口是 BIM 软件系统和成本预算软件系统不同组成部分衔接的约定。这种方法通过成本预算系统与 BIM 系统之间直接的接口，将所需要获取的工程量信息从 BIM 软件中导入造价软件，然后造价人员结合其他信息开始造价计算。

（2）利用开放式数据库连接直接访问 BIM 软件数据库。这种方法通常使用访问建筑模型中的数据信息，然后根据需要从 BIM 数据库中提取所需要的计算信息，并根据成本预算解决方案中的计算方法对这些数据进行重新组织，得到工程量信息。

（3）输出到 Excel。大部分 BIM 软件都具有自动算量功能，这些软件也可以将计算的工程量按照某种格式导出。造价人员最常用的就是将 BIM 软件提取的工程量导入到 Excel 表中进行汇总计算。与上面提到的两种方法相比，这种方法更加实用，也便于操作。但是，要采用这样的方式进行造价计算就必须保证BIM 的建模过程非常标准，对各种构件都要有非常明确的定义，只有这样才能保证工程量计算的准确性。

每种方法都与建设项目所采用的施工成本计算软件、施工组织设计及人工、材料、机械台班价格数据库有关。每个建设项目只有根据自己的项目特征和施工要求来选择合适的 BIM 成本计算策略，才能最大程度上发挥 BIM 的功能。例如：可以先从构件的统计开始应用，尝试对某一个具体的专业的模型进行应用，等到熟悉后可对有关建筑、结构、水电暖通的综合模型进行施工成本核算。又如：如果钢筋混凝土的定义中只有混凝土的数据而没有定义混凝土中钢筋的数量，或者定义了钢筋的数量，但信息不够详细，或只有数量，没有型号，在这些情况下，BIM 软件都无法对钢筋的数量进行统计。

2 工程建设定额基本知识

工程建设定额，是在一定的生产技术下、一定的时间内，生产经营中有关人力、物力、财力利用及消耗所应遵循或达到的数量标准。它反映了一定的社会生产力水平条件下的产品生产和生产消耗之间的数量关系。因此，它不仅规定了一个数据，而且还规定了它的工作内容、质量和安全要求等。工程建设定额的种类很多，可按其内容、形式和用途的不同来划分。

2.1 定额分类及其种类

1. 定额按编制程序和用途划分

可分为工序定额、施工定额、预算定额、概算定额、概算指标、估算指标、间接费定额、生产周期定额等。

（1）工序定额：是以工序为对象的基础性定额。通常以最单一、最稳定、最基本的工作内容为对象来编制工序定额。

（2）施工定额：是规定施工班组或施工工人在一定的施工技术和组织条件下，为完成某一施工过程的单位合格产品所必需的人工、材料和机械消耗的数量标准。它是直接为施工服务的定额、是基本建设中最基本的定额。

（3）预算定额：是规定施工企业为完成一定计量单位的分项工程或结构构件所必需的人工、材料和机械消耗的数量标准。

（4）概算定额：是确定完成一定计量单位的分部工程和扩大的分项工程所必需的人工、材料和机械消耗的数量标准。

（5）概算指标：是以建筑物或构筑物，以实物量或货币为计量单位，确定其人工、材料和机械消耗的定额指标。

（6）估算指标：是以概算定额和概算指标为基础，结合现行工程造价资料，规定结构部分或建筑物平方米造价投资费用的标准。

（7）间接费定额：是建筑施工企业为组织和管理施工产生所需要的各项经营管理费用的标准。它由当地主管部门按照建筑和安装工程性质，分别规定不同的取费率和计算基数来确定的。

（8）生产周期定额：是指每一个大小不同、分类不同的工作内容，从开始进行到最终完成所需任务的时间标准。它包括设计周期定额和施工工期定额。

2. 定额按其物资内容划分

可分为劳动消耗定额、材料消耗定额和机械台班使用定额等。

（1）劳动消耗定额：是在一定的施工技术和组织条件下，规定完成单位施工项目所必需的劳动消耗量标准，其表现形式为时间定额和产量定额两种。劳动消耗定额是编制施工预算、制定施工作业计划、签发施工任务单的依据，又是考核劳动成果，计算计件工资，超额工资和奖金的依据，在组织施工和按劳分配两方面起着重要作用。

（2）材料消耗定额：是在节约和合理使用材料的条件下，规定完成单位施工项目所必需的材料、燃料、半制成品、零配件和水、电、蒸汽等动力资源消耗的数量标准。材料消耗定额是编制施工预算和考核材料消耗量，衡量材料的节约和消耗的依据，对控制工程的材料消耗、降低工程成本有着决定性的影响。

（3）机械台班使用定额：是在正常的施工条件下和合理使用施工机械的条件下，规定利用某种机械，完成单位施工项目所必需的机械工作时间，机械台班使用定额同劳动定额一样，可分为机械时间定额和机械产量定额两种。机械台班使用定额是编制施工预算和考核施工机械使用效率的依据。

按照定额的管理层次和执行范围还可分为全国统一定额、主管部门定额、地方定额和企业定额等，这里就不一一介绍。

2.2 工 期 定 额

工期定额是指在一定的经济和社会条件下，在一定时期内由建设行政主管部门制定并发布的工程项目建设消耗时间标准。工期定额具有一定的法规性，对确定具体工程项目的工期具有指导意义，体现了合理建设工期，反映了一定时期国家、地区或部门不同建设项目的建设和管理水平。工程工期同工程造价、工程质量一起被视为工程项目管理的三大目标。

2.2.1 全国统一建筑安装工程工期定额要旨

工期定额是编制招标文件的依据，是签订建筑安装工程施工合同、确定合理工期及施工索赔的基础，也是施工企业编制施工组织设计、确定投标工期、安排施工进度的参考。

1. 工期定额分类

由于我国幅员辽阔，各地气候条件差别较大，故将全国划分为Ⅰ、Ⅱ、Ⅲ类地区，分别制定工期定额。

Ⅰ类地区：上海、江苏、浙江、安徽、福建、江西、湖北、湖南、广东、广西、四川、贵州、云南、重庆、海南。

Ⅱ类地区：北京、天津、河北、山西、山东、河南、陕西、甘肃、宁夏。

Ⅲ类地区：内蒙古、辽宁、吉林、黑龙江、西藏、青海、新疆。

同一省、自治区内由于气候条件不同，也可按工期定额地区类别划分原则，由省、自治区建设行政主管部门在本区域内再划分类区，报住房城乡建设部批准后执行。

设备安装和机械施工工程不分地区类别，执行统一的工期定额。

2. 工期定额调整

工期定额是按各类地区情况综合考虑的，由于各地施工条件不同，允许各地有 15% 以内的定额水平调整幅度，各省、自治区、直辖市建设行政主管部门可按上述规定，制定实施细则，报住房城乡建设部备案。

3. 单项工程工期

单项工程工期是指单项工程从基础破土开工（或原桩位打基础桩）起至完成建筑安装工程施工全部内容，并达到国家验收标准之日止的全过程所需的日历天数。

4. 工期顺延

本定额工期以日历天数为单位。对不可抗力因素造成的工程停工，经承发包双方确认，可顺延工期。因重大设计变更或发包方原因造成停工，经承发包双方确认后，可顺延工期。因承包方原因造成停工，不得增加工期。施工技术规范或设计要求冬季不能施工而造成工程主导工序连续停工，经承发包双方确认后，可顺延工期。

5. 工期定额项目

工期定额项目包括民用建筑和一般通用工业建筑。凡定额中未包括的项目，各省、自治区、直辖市建设行政主管部门可制订补充工期定额，并报住房城乡建设部备案。

6. 有关规定处理

（1）单项（位）工程中层高在 2.2m 以内的技术层不计算建筑面积，但计算层数。

（2）出屋面的楼（电）梯间、水箱间不计算层数。

（3）单项（位）工程层数超出本定额时，工期可按定额中最高相邻层数的工期差值增加。

（4）一个承包方同时承包 2 个以上（含 2 个）单项（位）工程时，工期的计算：以一个单项（位）工程的最大工期为基数，另加其他单项（位）工程工期总和乘相应系数计算：加一个乘 0.35 系数；加 2 个乘 0.2 系数；加 3 个乘 0.15 系数；4 个以上的单项（位）工程不另增加工期。

（5）坑底打基础桩，另增加工期。

（6）开挖一层土方后，再打护坡桩的工程，护坡桩施工的工期承发包双方可按施工方案确定增加天数，但最多不超过 50 天。

（7）基础施工遇到障碍物或古墓、文物、流砂、溶洞、暗浜、淤泥、石方、地下水等需要进行基础处理时，由承发包双方确定增加工期。

（8）单项工程的室外管线（不包括直埋管道）累计长度在100m 以上，增加工期 10 天；道路及停车场的面积在 500m² 以上，在 1000m² 以下者增加工期 10 天；在 5000m² 以内者增加工期 20 天；围墙工程不另增加工期。

（9）定额凡注明"××以内（下）"者，均包括"××"本身，注明"××以外（上）"者，则不包括"××"本身。

2.2.2 民用建筑工程工期定额应用

1. 单项工程应用说明

（1）包括±0.000 以下工程、±0.000 以上工程、影剧院和体育馆工程。

（2）±0.000 以下工程按土质分类，划分为无地下室和有地下室两部分。无地下室按基础类型及首层建筑面积划分，有地下室按地下室层数及建筑面积划分。其工期包括±0.000 以下全部工程内容。

（3）±0.000 以上工程按工程用途、结构类型、层数及建筑面积划分。其工期包括结构、装修、设备安装全部工程内容。

（4）影剧院和体育馆工程按结构类型、檐高及建筑面积划分，其工期不分±0.000 以上、以下，均包括基础、结构、装修全部工程内容。

（5）综合楼适用于购物中心、贸易中心、商场（店）、科研楼、业务楼、写字楼、培训楼、幼儿园、食堂等公共建筑。

（6）高级住宅是指装修做法如下的住宅，具体见表 2-1：

1）内墙面贴墙纸、软包、高级涂料、木墙裙；

2）木地板、块料面层、铺地毯；

3）高级装修抹灰、吊顶；

4）硬木门窗、塑钢门窗、铝合金门窗；

5）厨房、卫生间墙面贴面砖、地面块料面层。

（7）高级住宅、别墅、公寓工程的工期按相应住宅总工期乘以 1.2 系数计算。

（8）有关规定：

1）±0.000 以下工期：无地下室按首层建筑面积计算，有地下室按地下室建筑面积总和计算。

2）±0.000 以上工期：按±0.000 以上部分建筑面积总和计算。

3）总工期为：±0.000 以下工期与±0.000 以上工期之和（不包括影剧院和体育馆工程）。

4）单项工程±0.000 以下由两种或两种以上类型组成时，按不同类型部分的面积查出相应工期，相加计算。

5）单项工程±0.000 以上结构相同，使用功能不同。无变形缝时，按使用功能占建筑面积比重大的计算工期；有变形缝时，先按不同使用功能的面积查出相应工期，再以其中一个最大工期为基数，另加其他部分工期的 25% 计算。

6）单项工程±0.000 以上由两种或两种以上结构组成。无变形缝时，先按全部面积查出不同结构的相应工期，再按不同结构各自的建筑面积加权平均计算；有变形缝时，先按不同结构各自的面积查出相应工期，再以其中一个最大工期为基数，另加其他部分工期的 25% 计算。

7）单项工程±0.000 以上层数不同，有变形缝时，先按不同层数各自的面积查出相应工期，再以其中一个最大工期为基数，另加其他部分工期的 25% 计算。

8）单项工程中±0.000 以上分成若干个独立部分时，先按各自的面积和层数查出相应工期，再以其中一个最大工期为基数，另加其他部分工期的 25% 计算，4 个以上独立部分不再另增加工期。如果±0.000 以上有整体部分，将其并入到最大部分工期中计算。

2. 单位工程应用说明

（1）包括结构工程和装修工程。

（2）结构工程包括±0.000以下结构工程和±0.000以上结构工程。±0.000以下结构工程有地下室按地下室层数及建筑面积划分。±0.000以上结构工程按工程结构类型、层数及建筑面积划分。

（3）±0.000以下无地下室工程执行单项工程无地下室工程相应子目。

（4）±0.000以下结构工程工期包括：基础挖土、±0.000以下结构工程、安装的配管工程内容。±0.000以上结构工程工期包括：±0.000以上结构、屋面及安装的配管工程内容。

（5）装修工程按工程用途、装修标准及建筑面积划分。装修工程工期适用于单位工程，以装修单位为总协调单位，其工期包括：内装修、外装修及相应的机电安装工程工期。

（6）宾馆、饭店星级划分标准按《旅游饭店星级的划分与评定》GB/T 14308确定。

（7）其他建筑工程装修标准划分为一般装修、中级装修、高级装修，划分标准按表2-1执行。

（8）有关规定：

1）±0.000以下结构工期：无地下室按首层建筑面积计算，有地下室按地下室建筑面积总和计算。

2）±0.000以上结构工期：按±0.000以上建筑面积总和计算。

3）结构工程总工期为：±0.000以下结构工期与±0.000以上结构工期之和。

4）装修工期：不分±0.000以上、以下，按装修部分建筑面积总和计算。

5）单位工程±0.000以上由2种或2种以上结构组成。无变形缝时，先按全部面积查出不同结构的相应工期，再按不同结构各自的建筑面积加权平均计算；有变形缝时，先按不同结构各自的面积查出相应工期，再以其中一个最大工期为基数，另加其他部分工期的 25% 计算。

6）单位工程±0.000 以上结构层数不同，有变形缝时，先按不同层数各自的面积查出相应工期，再以其中一个最大工期为基数，另加其他部分工期的 25% 计算。

7）单位工程±0.000 以上结构分成若干个独立部分时，先按各自的面积和层数查出相应工期，再以其中一个最大工期为基数，另加其他部分工期的 25% 计算，4 个以上独立部分不再另增加工期。如果±0.000 以上有整体部分，将其并入到最大部分工期中计算。

装修标准

表 2-1

项　　目	一　般	中　级	高　级
墙面	勾缝、水刷石、干粘石、一般涂料	贴面砖、高级涂料、贴壁纸、镶贴大理石、木墙裙	干挂石材、铝合金条板、镶贴石材、高级涂料、贴壁纸、锦缎软包、镶板墙面、幕墙、金属装饰板、造型木墙裙
天棚	一般涂料	高级涂料、吊顶、壁纸	高级涂料、造型吊顶、金属吊顶、壁纸
楼地面	水泥、混凝土、塑料、涂料、磨石楼地面	磨石、块料、木地板、地毯楼地面	大理石、花岗岩、木地板、地毯楼地面
门、窗	松木、钢木门（窗）	彩板、塑钢、铝合金、松木门（窗）	彩板、塑钢、铝合金、硬木、不锈钢门（窗）

注：1. 高级装修：墙面、楼地面每项分别满足 3 个及 3 个以上高级装修项目，天棚、门窗每项分别满足 2 个及 2 个以上高级装修项目；并且每项装修项目的面积之和占相应装修项目面积 70% 以上者为高级装修。

2. 中级装修：墙面、楼地面、天棚、门窗每项分别满足 2 个及 2 个以上中级装修项目；并且每项装修项目的面积之和占相应装修项目面积 70% 以上者为中级装修。

2.2.3　工业及其他建筑工程工期定额应用

1. 工业建筑工程说明

（1）单层、多层厂房、降压站、冷冻机房、冷库、冷藏间、空压机房等工业建筑工程工期是指一个单项工程（土建、安装、装修等）的工期，其中土建包括基础和主体结构。

（2）除有特殊规定外，工业建筑工程的附属配套工程的工期已包括在一个单项工程工期内，不得再计算。

（3）混合结构包括：砖混、砖木、砖石三种结构类型。

（4）一类厂房指机加工、机修、五金、缝纫、一般纺织（粗纺、制条、洗毛等）及无特殊要求的装配车间；二类厂房指厂房内设备基础及工艺要求较复杂、建筑设备或建筑标准较高的车间，如铸造、锻造、电镀、酸碱、电子、仪表、手表、电视、医药、食品等车间，其中建筑设备和建筑标准较高的车间指：有部分空调、吊顶或装修造型顶棚、内墙面贴墙纸、饰面板（或造型）墙裙和墙面、外墙面砖、铝合金门窗、水磨石地面或块料面层地面等。

（5）单层厂房的主跨高度以 9m 为准，高度在 9m 以上时，每增加 2m 增加工期 10 天，厂房主跨高度指自室外地坪至檐口的高度。多层厂房层高在 4.5m 以上时，每增 1m 增加工期 5 天，但层高在 4.5m 以内者不得增加。

（6）冷库工程不适用于山洞冷库、地下冷库和装配式冷库工程，现浇框架结构冷库的工期也适用于柱板结构的冷库。

2. 其他建筑工程说明

（1）包括地下汽车库和构筑物等。

（2）地下车库为独立的地下车库工程工期。

（3）如遇有单独承包零星建筑工程（如传达室、有围护结构的自行车库、厕所等），按服务用房工程定额执行。

（4）带站台的仓库（不含冷库工程），其工期乘以 1.15 系数。

（5）园林庭院工程的面积按占地面积计算（包括一般园林、喷水池、花池、葡萄架、石椅、石凳等庭院道路、园林绿化等）。

2.2.4 专业工程工期定额应用

1. 设备安装工程说明

（1）适用于民用建筑设备安装和一般工业厂房的设备安装工程。

（2）工期从土建交付安装并具备连续施工条件起，至完成承担的全部设计内容，并达到国家建筑安装工程验收标准的全部日历天数。

（3）设备安装工程配合土建预留、预埋的时间不计算工期。

（4）机房的设备安装，不包括室外工程。

（5）室外设备安装工程中的气密性试验、压力试验，如受气候影响，应事先征得建设单位同意后，工期可以顺延。

2. 机械施工工程说明

（1）机械施工是以各种不同施工机械综合考虑的，对使用任何机械种类，均不做调整。

（2）构件吊装工程（网架除外）是按一条作业线编制的。确定承包工程时，甲、乙双方协商，选用两条作业线时，其工期乘以 0.65 系数；多条作业时，工期乘以系数 k（$k=1.3/n$，n 为作业线的条线）。

（3）构件吊装工程（网架除外）包括柱子、屋架、梁、板、天窗架、支撑、楼梯、阳台等构件的现场搬运、就位、拼装、吊装、焊接等。不包括钢筋张拉、孔道灌浆和开工前的准备工作。

（4）单层厂房的吊装（网架除外）工期，以每 10 节间（柱距 6m）为基数，在定额规定 10 节间以上时，其增加节间的工期，按定额工期的 60% 计算。柱距在 6m 以上时，按 2 个节间计算。

（5）构件吊装工程（网架除外）以檐高 15m 以内跨内吊装为准，檐高在 15m 以上，20m 以内时，工期乘以 1.1 系数；20m 以上，30m 以内时，工期乘以 1.3 系数。跨外吊装檐高 15m 以内时，乘以 1.1 系数；15m 以上，20m 以内时，乘以 1.2 系数；20m 以上，30m 以内时，乘以 1.3 系数。

（6）网架吊装工程包括就位、拼装、焊接、搭设架子、刷油、安装等全过程。不包括下料、切管、喷漆等。

（7）机械土方工程的开工日期以基槽开挖开始计算，不包括开工前的准备工作时间。

（8）机械打桩工程包括桩的现场搬运、就位、打桩、接桩和2m以内的送桩。

打桩的开工日期以打第一根桩开始计算，不包括试桩时间。

2.3 概 算 定 额

2.3.1 概算定额的作用和编写依据

概算定额又称扩大结构定额，规定了完成单位扩大分项工程或结构构件所必须消耗的人工、材料和机械台班的数量标准。

概算定额是由预算定额综合而成的。按照《建设工程工程量清单计价规范》GB 50500—2013 的要求，为适应工程招标投标的需要，有的地方的预算定额项目有些已与概算定额项目一致。

1. 概算定额的主要作用

（1）是扩大初步设计阶段编制设计概算和技术设计阶段编制修正概算的依据；

（2）是对设计项目进行技术经济分析和比较的基础资料之一；

（3）是编制建设项目主要材料计划的参考依据；

（4）是编制概算指标的依据；

（5）是编制概算阶段招标标底和投标报价的依据。

2. 概算定额的编制依据

（1）现行的设计规范、施工验收规范、标准图集等；

（2）现行的预算定额或综合预算定额；

（3）现行的建筑安装工程统一劳动定额；

（4）选择的典型工程施工图和其他有关资料；

（5）人工工资标准、材料预算价格和机械台班预算价格。

2.3.2 概算定额的编制原则与步骤

1. 概算定额的编制原则

概算定额水平也应是社会必要消耗量的平均水平，概、预算定额水平之间应保留一定的幅度差。概算定额项目划分，在保证具有一定的准确性的前提下，应做到简明易懂、项目齐全、计算简单、准确可靠。综上所述，编制概算定额应贯彻平均水平和简明适用的原则。

2. 概算定额的内容和形式

概算定额的主要内容包括使用范围和有关规定，计算规则和一系列分章、节的定额表格。

3. 概算定额的编制步骤

概算定额的编制步骤一般分三阶段进行，即准备工作阶段、编制初稿阶段和审查定稿阶段。

（1）准备工作阶段

该阶段的主要工作是确定编制机构和人员组成，进行调查研究，了解现行概算定额的执行情况和存在的问题，明确编制定额的项目。在此基础上，制定出编制方案和确定概算定额项目。

（2）编制初稿阶段

该阶段根据制定的编制方案和确定的定额项目，收集和整理各种数据，对各种资料进行深入细致的测算和分析，确定各项目的消耗指标，最后编制出定额初稿。

该阶段要测算概算定额水平。内容包括两个方面：新编概算定额与原概算定额的水平测算；概算定额与预算定额的水平测算。

（3）审查定稿阶段

该阶段要组织有关部门讨论定额初稿，在听取合理意见的基础上进行修改。最后将修改稿报请上级主管部门审批。概算定额水平与预算定额水平之间应有一定的幅度差，幅度差一般在5%以内。

2.3.3 概算指标

1. 概算指标的概念

概算指标是以整个建筑物或构筑物为对象，以"m^2"、"m^3"

或"座"等为计量单位，规定人工、材料、机械台班消耗指标的一种标准。

2. 概算指标的分类

概算指标分为建筑工程概算指标和安装工程概算指标。

建筑工程概算指标包括：一般土建工程概算指标、给水排水工程概算指标、供暖工程概算指标、通信工程概算指标、电气照明工程概算指标。安装工程概算指标包括：机械设备及安装工程概算指标、电气设备及安装工程概算指标、器具及生产家具购置费概算指标。

3. 概算指标的主要作用

（1）是基本建设管理部门编制投资估算和编制基本建设计划，估算主要材料用量计划的依据；

（2）是设计单位编制初步设计概算、选择设计方案的依据；

（3）是考核基本建设投资效果的依据。

4. 概算指标的主要形式

概算指标在具体内容的表示方法上，分综合指标和单项指标两种形式。

（1）综合概算指标。综合概算指标是按照工业或民用建筑及其结构类型而制定的概算指标。综合概算指标的概括性较大，其准确性、针对性不如单项指标。

（2）单项概算指标。单项概算指标是指为某种建筑物或构筑物而编制的概算指标。单项概算指标的针对性较强，故指标中对工程结构形式要作介绍。只要工程项目的结构形式及工程内容与单项指标中的工程概况相吻合，编制出的设计概算就比较准确。

5. 概算指标的主要内容

概算指标一般包括以下内容：

（1）工程概况，包括建筑面积、建筑层数、建筑地点、时间、工程各部位的结构及做法等；

（2）工程造价及费用组成；

（3）每平方米建筑面积的工程量指标；

（4）每平方米建筑面积的工料消耗指标。

2.4 预 算 定 额

预算定额是规定消耗在单位工程基本结构要素上的劳动力、材料和机械数量上的标准，是计算建筑安装产品价格的基础。预算定额属于计价定额。预算定额是工程建设中一项重要的技术经济指标，反映了在完成单位分项工程消耗的活劳动和物化劳动的数量限制。这种限度最终决定着单项工程和单位工程的成本和造价。

编制施工图预算时，需要按照施工图纸和工程量计算规则计算工程量，还需要借助于某些可靠的参数计算人工、材料和机械（台班）的消耗量，并在此基础上计算出资金的需要量，计算出建筑安装工程的价格。

在我国，现行的工程建设概算、预算制度，规定了通过编制概算和预算确定造价。概算定额、概算指标、预算定额等则为计算人工、材料、机械（台班）的耗用量提供统一可靠的参数。同时，现行制度还赋予了概算、预算定额和费用定额以相应的权威性。这些定额和指标成为建设单位和施工企业之间建立经济关系的重要基础。

2.4.1 预算定额的种类

（1）按专业性质分，预算定额有建筑工程定额和安装工程定额两大类。建筑工程预算定额按适用对象又分为建筑工程预算定额、市政工程预算定额、铁路工程预算定额、公路工程预算定额、房屋修缮工程预算定额、矿山井巷预算定额等。安装工程预算定额按适用对象又分为电气设备安装工程预算定额、机械设备安装工程预算定额、通信设备安装工程预算定额、化学工业设备安装工程预算定额、工业管道安装工程预算定额、工艺金属结构安装工程预算定额、热力设备安装工程预算定额等。

（2）从管理权限和执行范围分，预算定额可分为全国统一定额、行业统一定额和地区统一定额等。全国统一定额由国务院建设行政主管部门组织指定发布，行业统一定额由国务院行业主管部门指定发布；地区统一定额由省、自治区、直辖市建设行政主管部门制定发布。

（3）预算定额按物资要素区分为劳动定额、材料消耗定额和机械定额，但它们互相依存形成一个整体，作为预算定额的组成部分，各自不具有独立性。

2.4.2 预算定额的作用

（1）预算定额是编制施工图预算、确定和控制建筑安装工程造价的基础。施工图预算是施工图设计文件之一，是控制和确定建筑安装工程造价的必要手段。编制施工图预算，除设计文件决定的建设工程的功能、规模、尺寸和文字说明是计算分部分项工程量和结构构件数量的依据外，预算定额是确定一定计量单位工程人工、材料、机械消耗量的依据，也是计算分项工程单价的基础。

（2）预算定额是对设计方案进行技术经济比较、技术经济分析的依据。设计方案在设计工作中居于中心地位。设计方案的选择要满足功能、符合设计规范，既要技术先进又要经济合理。根据预算定额对方案进行技术经济分析和比较，是选择经济合理设计方案的重要方法。对设计方案进行比较，主要是通过定额对不同方案所需人工、材料和机械台班消耗量等进行比较。这种比较可以判明不同方案对工程造价的影响。对于新结构、新材料的应用和推广，也需要借助于预算定额进行技术分析和比较，从技术与经济的结合上考虑普遍采用的可能性和效益。

（3）预算定额是施工企业进行经济活动分项的参考依据。实行经济核算的根本目的，是用经济的方法促使企业在保证质量和工期的条件下，用较少的劳动消耗取得预定的经济效果。在目前，我国的预算定额仍决定着企业的收入，企业必须以预算定额作为评价企业工作的重要标准。企业可根据预算定额，对施工中的劳动、材料、机械的消耗情况进行具体的分析，以便找出低工效、高消耗的薄弱环节及其原因。为实现经济效益的增长由粗放型经济增长方式向集约型经济增长方式转变，提供对比数据，促进企业的市场竞争力。

（4）预算定额是编制标底、投标报价的基础。在市场经济体制下预算定额作为编制标底的依据和施工企业报价的基础的作用仍将存在，这是由于它本身的科学性和权威性决定的。

（5）预算定额是编制概算定额和估算指标的基础，概算定额和估算指标是在预算定额基础上经综合扩大编制的，也需要利用预算定额作为编制依据，这样做不但可以节省编制工作中的人力、物力和时间，收到事半功倍的效果，还可以使概算定额和概算指标在水平上与预算定额一致，以避免造成执行中的不一致。

2.4.3 预算定额的组成内容

1. 预算定额总说明

（1）预算定额的适用范围、指导思想及目的作用。

（2）预算定额的编制原则、主要依据及上级下达的有关定额修编文件。

（3）使用本定额必须遵守的规则及适用范围。

（4）定额所采用的材料规格、材质标准，允许换算的原则。

（5）定额在编制过程中已经包括及未包括的内容。

（6）各分部工程定额共性问题的有关统一规定及使用方法。

2. 工程量计算规则

工程量是核算工程造价的基础，是分析建筑工程技术经济指标的重要数据，是编制计划和统计工作的指标依据。必须根据国家有关规定，对工程量的计算作出统一的规定。

3. 分部工程说明

（1）分部工程所包括的定额项目内容。

（2）分部工程各定额项目工程量的计算方法。

（3）分部工程定额内综合的内容及允许换算和不得换算的界限及其他规定。

（4）使用本分部工程允许增减系数范围的界定。

4. 分项工程定额表头说明

(1) 在定额项目表表头上方说明分项工程工作内容。

(2) 本分项工程包括的主要工序及操作方法。

5. 定额项目表

(1) 分项工程定额编号（子目号）。

(2) 分项工程定额名称。

(3) 预算价值（基价）。其中包括：人工费、材料费、机械费。

(4) 人工表现形式。包括工日数量、工日单价。

(5) 材料（含构配件）表现形式。材料栏内一系列主要材料和周转使用材料名称及消耗数量。次要材料一般都以其他材料形式以金额"元"或占主要材料的比例表示。

(6) 施工机械表现形式。机械栏内列主要机械名称规格和数量，次要机械以其他机械费形式以金额"元"或占主要机械的比例表示。

(7) 预算定额的基价。人工工日单价、材料价格、机械台班单价均以预算价格为准。

(8) 说明和附注。在定额表下说明应调整、换算的内容和方法。

2.5　人工、材料、机械台班消耗量定额

完成单位合格产品所需的人工、材料、机械台班消耗量以劳动定额、材料消耗量定额、机械台班消耗量定额的形式来表现，它是工程计价最基础的定额，是编制地方和行业部门编制预算定额的基础，也是个别企业依据其自身的消耗水平编制企业定额的基础。

2.5.1　劳动定额的分类

劳动定额亦称人工定额，指在正常施工条件下，某等级工人在单位时间内完成合格产品的数量或完成单位合格产品所需的劳

动时间。按其表现形式的不同，可分为时间定额和产量定额。是确定工程建设定额人工消耗量的主要依据。

1. 劳动定额的分类及其关系

劳动定额的分类：劳动定额分为时间定额和产量定额。

（1）时间定额。时间定额是指某工种某一等级的工人或工人小组在合理的劳动组织等施工条件下，完成单位合格产品所必须消耗的工作时间。

（2）产量定额。产量定额是指某工种某等级的工人或工人小组在合理的劳动组织等施工条件下，在单位时间内完成合格产品的数量。

2. 时间定额与产量定额的关系

时间定额与产量定额互为倒数的关系。

3. 工作时间

完成任何施工过程，都必须消耗一定的工作时间。要研究施工过程中的工时消耗量就必须对工作时间进行分析。工作时间是指工作班的延续时间。建筑安装企业工作班的延续时间为 8h（每个工日）。工作时间的研究，是将劳动者整个生产过程中所消耗的工作时间，根据其性质、范围和具体情况进行科学划分、归类，明确规定哪些属于定额时间，哪些属于非定额时间，找出非定额时间损失的原因，以便拟定技术组织措施，消除产生非定额时间的因素，以充分利用工作时间，提高劳动生产率。对工作时间的研究和分析，可以分为工人工作时间和机械工作时间两个系统进行。

工人工作时间可以划分为定额时间和非定额时间两大类。

（1）定额时间。定额时间是指工人在正常施工条件下，为完成一定数量的产品或任务所必须消耗的工作时间。包括：

1）准备与结束工作时间。

2）基本工作时间。

3）辅助工作时间。

4）休息时间。

5）不可避免的中断时间。

（2）非定额时间：

1）多余和偶然工作时间。

2）施工本身造成的停工时间。

3）违反劳动纪律的损失时间。

机械工作时间的分类与工人工作时间的分类相比，有一些不同点，如在必须消耗的时间中所包含的有效工作时间的内容不同。通过分析可以看到，两种时间的不同点是由机械本身的特点所决定的。

（1）定额时间：

1）有效工作时间。

2）不可避免的无负荷工作时间。

3）不可避免的中断时间。

（2）非定额时间：

1）机械多余的工作时间。

2）机械停工时间。

3）违反劳动纪律的停工时间。

2.5.2 材料消耗量定额

1. 材料消耗性质

施工中材料的消耗，可分为实体必需的材料消耗和施工周转需要的材料消耗两类性质。

2. 确定材料消耗量的基本方法

（1）利用现场技术测定法；

（2）利用实验室试验法；

（3）采用现场统计法；

（4）理论计算法。

3. 施工实体材料消耗量计算

是在节约和合理使用材料的条件下，确定生产符合质量标准的单位产品所必须消耗的一定品种规格的材料、燃料、半成品构配件等的数量标准。

材料消耗定额包括材料的净用量和必要的工艺性损耗数量。

材料消耗量计算公式为：

材料消耗量＝(1＋材料损耗率)×材料净用量

例如现浇混凝土构件，由于混凝土材料在搅拌、运输过程中不可避免的损耗，以及振捣后体积变得密实，则每立方米现浇混凝土产品需要 1.01～1.015m³ 的混凝土拌合材料，即材料损耗率为 1%～1.5%。

4. 施工周转材料的计算

在编制材料消耗定额时，某些工序定额、单项定额和综合定额中涉及周转材料的确定和计算。施工中使用周转材料，是在施工中工程上多次周转使用的材料，亦称材料型的工具或称工具型材料。影响周转次数的主要因素有以下几方面：

（1）材质及功能对周转次数的影响；

（2）使用条件的好坏，对周转材料使用次数的影响；

（3）施工速度的快慢，对周转材料使用次数的影响；

（4）对周转材料的保管、保养和维修的好坏，也对周转材料使用次数有影响，确定出最佳的周转次数，是十分不容易的。

材料消耗量中应计算材料摊销量，为此，应根据施工过程中各工序计算出一次使用量和摊销量。其计算公式为：

一次使用量＝材料净用量×(1－材料损耗率)

材料摊销量＝一次使用量×摊销系数

摊销系数＝周转使用系数－[(1－损耗率)×回收价值率]/
　　　　　　(周转次数)×100%

周转使用系数＝[(周转次数－1)×损耗率]/(周转次数)×100%

回收价值率＝[一次使用量×(1－损耗率)]/(周转次数)×100%

2.5.3 机械台班消耗量定额

1. 施工机械分类及机型规格划分

施工机械应统一按下列十二个类别划分：

（1）土石方及筑路机械；

（2）桩工机械；

（3）起重机械；

（4）水平运输机械；

（5）垂直运输机械；

（6）混凝土及砂浆机械；

（7）加工机械；

（8）泵类机械；

（9）焊接机械；

（10）动力机械；

（11）地下工程机械；

（12）其他机械；

施工机械的编码由 5 位数组成。前 2 位为机械类别号，后 3 位为机械的顺序编号。

2. 施工机械的机型划分

施工机械的机型按其性能及价值可分为特型、大型、中型、小型四类。

各地区应按照统一的施工机械类别、名称、规格型号、机型及编码编制本地区（部门）施工机械台班单价。未包括的施工机械项目，各地区可按照本规则机械类别的划分原则，结合本地区实际进行补充。

3. 施工机械台班单价的费用组成

施工机械台班单价应由下列七项费用组成：

（1）折旧费：指施工机械在规定的使用期限内，陆续收回其原值及购置资金的时间价值。

（2）大修理费：指施工机械按规定的大修理间隔台班进行必要的大修理，以恢复其正常功能所需的费用。

（3）经常修理费：指施工机械除大修理以外的各级保养和临时故障排除所需的费用。包括为保障机械正常运转所需替换与随机配备工具附具的摊销和维护费用，机械运转及日常保养所需润滑与擦拭的材料费用及机械停滞期间的维护和保养费用等。

（4）安拆费及场外运费：安拆费指施工机械在现场进行安装

与拆卸所需的人工、材料、机械和试运转费用以及机械辅助设施的折旧、搭设、拆除等费用；场外运费指施工机械整体或分体自停放地点运至施工现场或由一施工地点运至另一施工地点的运输、装卸、辅助材料及架线等费用。

（5）人工费：指机上司机（司炉）和其他操作人员的工作日人工费及上述人员在施工机械规定的年工作台班以外的人工费。

（6）燃料动力费：指施工机械在运转作业中所耗用的固体燃料（煤、木柴）、液体燃料（汽油、柴油）及水、电等费用。

（7）其他费用：指施工机械按照国家和有关部门规定应交纳的养路费、车船使用税、保险费及年检费用等。

4. 施工机械台班单价计算

施工机械台班单价应按下列公式计算：

台班单价＝台班折旧费＋台班大修理费＋台班经常修理费＋台班安拆费及场外运费＋台班人工费＋台班燃料动力费＋台班其他费用

施工机械台班应按 8h 工作制计算。

5. 施工机械原值采集及取定

国产机械的机械原值应按下列途径询价、采集：

（1）编制期施工企业已购进施工机械的成交价格；

（2）编制期国内施工机械展销会发布的参考价格；

（3）编制期施工机械生产厂、经销商的销售价格。

国产机械的机械原值应按下列方法取定：

（1）对从施工企业采集的成交价格，各地区（部门）可结合具体情况取定机械原值。

（2）对从国内施工机械展销会采集的参考价格或从施工机械生产厂、经销商采集的销售价格，各地区（部门）可结合具体情况取定机械原值。

（3）对机械类别、性能、规格相同而生产厂不同的施工机械，各地区（部门）可根据施工企业实际购进情况，综合取定机械原值。

进口机械的机械原值应按其到岸价格取定。到岸价格应按外贸、海关等部门的有关资料、施工企业实际购置价格及相应的外汇汇率计算。各地区（部门）进行机械原值询价、采集时，应统一印制、填写"机械原值询价单"。"机械原值询价单"应包括：机型、规格型号、成交价格、参考价格、销售价格、生产厂和附加说明。

上述三种定额构成施工定额整体，相互联系，但是他们由于各自具有独立的性质和作用，又可以单独存在，成为定额的独立部分。此外施工定额是一个完整的体系，在定额内容上，除了包括直接施工中的劳动、材料、机械消耗定额外，还应该包括间接施工中和经营管理活动中的各种劳动和物化劳动消耗，凡能实行定量控制的，都应该在施工定额中得到反映。

2.6 施 工 定 额

施工定额是建筑、安装施工企业，以施工技术验收规范及安全操作规程为依据，在一定的施工技术和施工组织条件下，规定建筑安装工人或班组为完成单位合格建筑安装产品所消耗的人工、材料和消耗机械台班的数量标准。施工定额一方面反映国家企业或企业施工班组和工人在施工活动中，为完成一定量符合质量要求的产品所必须遵循和达到的活劳动和物化劳动消耗限额，另一方面也是在施工班组和工人按照完成任务的优劣衡量应该取得多少劳动报酬的主要尺度。在我国，施工定额是由国家、省、市、自治区、业务主管部门或施工企业，在定性和定量分析施工过程的基础上，采用技术测定的方法制定的。

施工定额是直接用于施工企业内部管理的一种定额，它是施工企业组织施工，编制施工作业计划和人工、材料、机械台班使用计划，签发施工任务书，进行工料分析，推行经济责任制，提高劳动生产率，加强经济核算，增强经济效益的重要基础。

2.6.1 施工定额的特点、组成和作用

建筑安装企业定额一般称为施工定额。所谓企业定额，是指建筑安装企业根据本企业的技术水平和管理水平，编制完成单位合格产品所必需的人工、材料和施工机械台班的消耗量，以及其他生产经营要素消耗的数量标准。施工定额是建筑安装企业内部管理的定额，属于企业定额的性质。作为企业定额，必须具备有以下特点：①其各项平均消耗要比社会平均水平低，体现其先进性；②可以表现本企业在某些方面的技术优势；③可以表现本企业局部或全面管理方面的优势；④所有匹配的单价都是动态的，具有市场性；⑤与施工方案能全面接轨。

1. 施工定额的特点

施工定额是施工管理的基础，它既涉及施工技术、经营管理技术和生产关系，又与企业内部管理密切相关，是一项技术经济定额。其主要体现科学性、规范性和参与性。

（1）施工定额的科学性首先表现在定额的制定上，定额是在认真研究施工企业管理的客观规律，遵循其要求，在总结施工生产实践的基础上，根据广泛搜集的资料，经过科学分析研究后，采用一套已经成熟的科学方法制定的。而且也有助于研究施工过程的人工、材料、机械的使用状况，从而找出影响施工消耗的各种主、客观因素，设计出合理的施工组织方案和提高施工企业经营管理者水平的方法。

（2）施工定额的规范性，属于规定执行范围以内的有关单位都必须严格遵守，各有关职能机构都必须严格执行，不得任意改变定额的结构形式和内容，更不能随意降低或变相降低定额水平，凡对施工定额执行中确有定额缺项或需要调整定额水平时，必须经过一定的审批手续和法律程序之后，才能允许对缺项定额进行补充或进行某项定额水平的调整。

（3）首先定额水平的高低取决于定额上的劳动消耗的数量标准，反映施工企业工人和管理人员的劳动成果。定额的制定和编制是在施工企业职工直接参加下进行测定，参加定额的经验交

流。编制制定定额时要能够从实际出发，同时编制的施工定额应易于掌握。施工定额的执行，必须依靠施工企业在施工实践中去贯彻，通过定额的执行，不断完善定额的内容。

2. 施工定额的组成

施工定额是通过劳动消耗定额、材料消耗定额和机械台班消耗定额的套用，计算出包括完成符合质量标准的单位产品所必需的劳动消耗量，必需消耗的一定品种规格的材料、燃料、半成品、构配件消耗量，必需消耗的机械台班使用量组成。

3. 施工定额的作用

施工定额是企业计划管理的依据。因为施工组织设计包括三部分内容：即资源需用量、使用这些资源的最佳时间安排和平面规划。施工中实物工作量和资源需要量的计算均要以施工定额的分项和计量单位为依据。在施工企业的经营管理活动中，发挥着如下作用。

（1）施工定额是编制施工组织设计和施工作业计划的依据，施工组织设计是指导施工准备和组织施工的全面性的技术经济文件，是指导现场施工的法规，在编制施工组织设计时要确定工程的资源需要量，拟定使用资源的最佳时间安排，编制时间进度计划，这些都是以施工定额为依据。施工作业计划是施工企业计划管理的中心环节，是有计划地组织和领导施工活动的重要手段，编制施工作业计划，必须以施工定额和施工企业的实际施工水平为尺度，进行劳动力和施工机械和运输力量的平衡，计算材料、构件等的需用量，以安排施工形象进度。

（2）施工定额是签发施工任务书和限额领料单的依据。施工任务书是施工企业把施工任务落实到施工班组或个人执行的技术经济文件，也是记录施工班组或个人执行的技术经济文件，也是记录施工班组或个人完成任务情况和计算劳动报酬的凭证，通常由施工队向班组签发。施工任务书中确定的完成施工任务所需工日数，是根据施工任务的工程量和劳动定额的单位消耗指标计算出来的。限额领料单是随同施工任务书同时签发的领取材料的凭证，它是根据施工任务和材料消耗定额计算确定的，作为施工班组或个人完成规定施工任务所需材料消耗的最高限额。此外施工任务完成后，需要依据施工定额现场验收实际完成工程量，统计实际消耗的工日数，以便进行工资结算。

（3）施工定额是编制施工预算、实行经济责任制、加强企业成本管理的基础。施工预算是施工单位根据施工图规定的工程量和施工定额的单位消耗量计算的，是施工单位用以确定单位工程中人工、材料、机械和费用需要量的经济文件。施工预算确定的费用是施工企业计划成本的主要组成，它为企业内部实行经济责任制提供了成本考核的依据，同时也为承包者的成本管理提出了明确的目标。此外，施工预算中的人工、材料和机械费用，构成计划成本的直接费部分，对间接费也有着很大影响。所以严格执行施工定额，制定出合理的施工企业成本计划，能有效地控制施工中的人力、物力消耗，为降低工程成本发挥作用。

（4）施工定额是考核施工班组、贯彻经济责任制，搞好企业内部分配的依据。施工班组是施工生产活动中最基本的单位，按施工定额对施工班组进行考核是施工企业管理的重要内容。考核施工班组包括活劳动消耗和物化劳动消耗两部分。活劳动消耗考核的依据是劳动定额，物化劳动消耗的依据是材料消耗定额。以施工定额为依据对施工班组或个人实行考核、使得施工班组或个人的劳动成果与劳动报酬结合起来，为搞好施工企业内部的分配奠定了基础。以施工定额为尺度，制定施工企业的经济责任制，使得劳动者的个人利益和劳动成果联系起来，采取超额有奖，完不成受罚。施工定额是贯彻经济责任制，实行按劳分配的依据。

4. 施工定额的编制原则

为了保证施工定额编制的质量和良好的适应性，使其充分发挥作用，一般应遵循以下原则：

（1）施工定额水平要先进合理。

（2）选择正常的施工条件。

（3）采用已经成熟并得到普遍推广的先进技术和先进经验。

（4）资料和数据必须真实、准确。

（5）定额的内容和形式要简明适用。

（6）贯彻以专业人员为主，专群结合的编制方法。

2.6.2　施工定额编制的主要依据

编制施工定额是一项经济性、技术性、政策性相结合，牵涉面广，工作量大，非常繁杂的工作。因此制定施工定额必须建立在具有充分科学技术依据的基础上，才能使其具有较强的政策性、科学性、适应性。

1. 经济政策和劳动制度

（1）建筑安装工人技术等级标准。

（2）建筑安装工人及管理人员工资标准。

（3）劳动保护制度。

（4）工资奖励制度。

（5）用工制度。

（6）利税制度。

（7）8 小时工作日制度。

2. 技术依据

（1）施工及验收规范。

（2）建筑安装工程安全操作规程。

（3）国家建筑材料标准。

（4）标准或典型设计及有关试验数据。

（5）施工机械设备说明书及机械性能。

（6）现场技术观测后的标准数据。

（7）日常有关工时消耗单项统计和实物量统计资料、数据。

（8）已采用的新工艺、新材料、新机械等新的技术资料。

（9）岗位劳动评价结果。

3. 经济依据

（1）现行的施工定额、劳动定额、预算定额及其有关的现行和历史定额资料、数据。

（2）日常积累的有关材料、机械台班、能源消耗等资料、数据等。

2.6.3 施工定额编制的要点

1. 选取典型工程项目

工程项目分类范围广、种类多，在选取工程项目时，应兼顾当地建筑市场的实际情况，注重项目的普遍性、典型性、实用性，了解施工工艺和常用的施工方法，同时需结合国家的有关政策、设计标准、施工操作规程和施工验收规范，在有代表性的基础上，使编制的施工定额具有较大的针对性和可操作性。

2. 拟定正常施工条件

通常拟定正常施工条件，就是把确定定额水平时所选定的正常施工条件加以明确和肯定。正常施工条件，来源于技术测定及综合分析所提供的资料，又符合大多数施工企业或施工班组的实际情况，是一种既合理又能实现的施工条件。它反映了确定定额水平的前提和贯彻定额具备的条件。

3. 拟定施工过程中相对应的定额种类

施工过程的定额种类，是在定额项目划分的基础上，根据现场观察、测定所得资料，经过分析整理将同类别项目编入同类定额。例如制定劳动定额时，根据施工过程的复杂程度和各种定额的用途，应包括工序定额、单项定额、综合定额三种。这三种定额应具有灵活性，并且可以扩展。其计量单位应力求一致，以减少换算过程。

在把握编制原则、依据以及以上要点后，计算出合理的人工消耗量、材料消耗量、机械台班使用量，再正确使用劳动消耗定额、材料消耗定额、施工机械台班使用定额，然后进行施工定额汇编，形成施工定额手册。

2.7 施工预算编制要旨

2.7.1 施工预算的编制依据

1. 经会审后的施工图和说明书

用于编制施工预算的施工图纸和说明书必须是建设单位上级主管部门批准同意使用，并经过建设单位、设计单位和施工单位共同审查后的图纸，其目的是使未来施工预算更加符合待建工程的实际情况，以免会审变动造成施工预算返工。同时，要求具备全套施工图和与之配套使用的全部标准图。

2. 施工定额和补充定额

施工定额是编制施工预算的基础。定额水平的高低和内容是否简明实用，直接关系到施工预算的贯彻执行。目前，我国尚无统一的施工定额。在编制施工预算时，应执行所在地区的现行施工定额和套用企业内部自行编制的补充定额。

3. 施工组织设计和施工方案

施工预算的编制，与其施工方案和施工机械等有密切的关系。如土方开挖采用机械开挖还是人工开挖；运土采用何种运输工具，运距有多远；又如结构安装工程中的吊装是采用井字架、卷扬机，还是塔吊；构件是现场制作还是加工厂预制；脚手架是单排还是双排等等，这些具体的问题在施工组织设计或施工方案中都有明确的规定。因此，经过批准的施工组织设计或施工方案是编制施工预算的重要依据之一。

4. 施工预算

施工预算的分项工程项目划分比施工图预算的分项工程的划分要细一些。但为了便于"两算"对比，在编制施工预算时，应尽量与施工图预算的分部分项工程划分相对应。对于有些分部分项工程的划分，施工预算与施工图预算是相同的，而且工程量的计算结果也是相同的。

5. 建筑材料手册和预算手册

计算金属结构的工程量，根据施工图纸只能计算某一构件的长度、面积或体积，而套用施工定额时是以重量为单位的。因此，必须根据建筑材料手册及其有关资料，把金属构件的长度、面积或者体积换算成与施工定额单位一致的重量单位，以便套用定额。

2.7.2 施工预算的作用

施工预算是施工企业根据施工定额、施工图纸以及有关施工预算文件编制预算，是企业用来确定完成单位工程所需的工种工时、材料种类与数量、机械台班消耗量以及直接费用的标准。它是直接用来指导施工生产、进行企业内部管理和经济核算的文件。施工预算的主要作用如下：

（1）施工预算是施工企业编制施工作业计划、进行施工管理依据。施工预算所计算的单位工程或分部、分项工程的工程量、构配件量和劳动量是安排施工作业计划及施工进度的重要依据。

（2）施工定额是施工队向班组下达施工任务书和限额领料的依据。施工任务书的主要内容，如工程量、工日数等，都来源于施工预算。与施工任务书同时下达的限额领料单的材料用量指标也是由施工预算确定的。

（3）施工预算是计算超额奖和计算工资、实行按劳分配的依据。在建筑企业内部实行定额经济承包、按量、按质进行分配，有利于调动职工的劳动积极性，降低工程成本，提高企业的经济效益。定额经济承包的劳动分配和奖励，主要是以实施预算为依据。施工预算就是用来衡量工人劳动的成果的尺度，计算应得报酬的依据。它把工人的劳动成果和个人劳动报酬直接联系起来，很好地体现多劳多得、按劳分配的社会主义分配原则。

（4）施工预算是建筑企业开展经济活动分析、进行"两算"对比的依据。企业开展经济活动分析、进行"两算"对比，是加强企业经营管理的有效手段。企业通过施工预算中人工、材料和机械使用的台班消耗量与实际消耗人工、材料和机械台班进行对比；将施工预算与施工图预算的相同项目的人工、材料和机械台班消耗量进行对比，分析节、超原因，有利于企业找出薄弱环节和存在的问题，从而提出改进措施，达到减少消耗、降低成本和提高效益的目的。

此外，施工预算还是劳资部门安排劳动力人数和组织进场时间的依据，是材料供应部分制订材料供应计划、进行备料和按时组织材料进场的依据。因此，施工预算是建筑企业加强内部管理、提高经济效益的不可缺少的有力工具，起到促进企业管理的杠杆作用。

2.7.3 施工预算的内容

施工预算一般以单位工程为对象，按分部工程进行计算，主要包括工程量、人工、材料和机械四项指标。施工预算由编制说明和计算表格两部分组成。

1. 施工预算编制说明书

施工预算编制说明书应简明扼要地说明以下几方面的内容：

（1）编制依据，应包括采用的施工图纸的编号及名称；标准图名称及编号；采用的施工定额及补充定额；施工组织设计或方案等。

（2）工程性质、范围及建设地点；现场勘察的主要资料。

（3）对设计图纸和说明书的会审意见；是否应考虑修改设计或方案等。

（4）遗留项目和暂估项目有哪些，并说明其原因。

（5）施工部署及施工工期。

（6）在施工中采取的主要技术措施，如机械化施工；新材料、新工艺、新技术的采用；冬期、雨期施工中的技术措施；施工中可能产生的困难及其处理措施等。

（7）施工中所采取的降低成本措施。

（8）工程中尚存在及需待解决的其他问题和以后的处理办法。

2. 施工预算的计算表格

为了适应建筑企业内部管理的需要，施工预算应简明、实用、准确和及时。故施工预算一般采用列表计算方式来编制。通常使用的主要表格有以下几种：

（1）工程量计算表。

（2）施工预算工程量汇总表。将单位工程按照其分部分项工程，将施工预算工程量计算表的计算结果进行汇总。

（3）施工预算的钢筋混凝土预制构件加工表。将预算工程所需的钢筋混凝土预制构件，按类别、型号进行汇总。

（4）单位工程的钢筋使用量表。将单位工程的全部钢筋按其规格汇总。

（5）金属结构加工表。将工程的全部金属加工件汇总列表。

（6）门窗加工表。将全部工程的门窗按型号、尺寸归类汇总列表。

（7）门窗五金明细表。将工程全部的门窗五金，按规格汇总列表。

（8）外加工件表。将工程由外单位加工的构件配件汇总列表。外加工件表中应注明加工单位、价格依据、包装运输费计算方式以及采购保管费率等。

（9）施工预算工料分析。将单位工程的全部用工及其主要材料消耗量，按分部分项工程汇总列表。

（10）施工预算定额用工分析表。将各分部分项工程的定额用工量汇总列表。

（11）将单位工程或分部分项工程的机械台班使用量及其相应的使用费汇总列表。

（12）施工机械台班使用表。将单位工程或分部分项工程的机械台班使用量及其相应的使用费汇总列表。

（13）施工预算工、料和机械费用汇总表。将单位工程的人工费、材料费和机械台班使用费及构配件等费用汇总列表。

（14）施工预算表。将各分部分项工程的工程量和费用汇总列表。

2.7.4 施工预算的编制步骤

施工预算的编制步骤一般分为以下几步：

（1）准备资料，熟悉施工图纸，了解施工现场情况。

（2）计算工程量必须按照工程量计算规则和定额顺序计算。计算时应注意：

1）工程量计算式应力求简单明确，按照一定的顺序排列。

通常在工程量计算式中数字按长、宽、厚的尺寸顺序排列。

2）计算工程量所采取的计算单位应与施工定额所规定的计量单位保持一致，如体积、面积、长度、重量等。在计算工程量时，小数点一般保留 2～3 位。

3）防止重复和漏算。计算工程量应按照施工程序，由外向内、由左向右依次进行计算。计算顺序：①按顺时针方向计算，即从图纸的左上方一点，由左向右的环绕一周计算；②按轴线计算，先横后直；③构件、配件、配筋、门窗等按图纸编号计算。

4）在计算工程量时，应注意前后配合，应利用前面已计算出的数据，以减少计算工程量。例如，在计算工程量之前，先把门窗、混凝土构件的分布情况列出来，算出数量、面积，以便在计算墙体砌筑、抹灰等工程量时使用。

5）与施工图预算划分相同，且工程量计算规则相同的分项工程，可直接利用施工图预算的工程量计算结果。

6）注意施工组织和核算的要求，尽量做到分层或分段计算，为编制工料分析，安排施工进度和签发施工任务书创造有利的条件。

（3）工程量汇总列表。工程量计算完毕后，经核实无误后应根据施工定额内容和计算单位要求，按分部分项工程的顺序或分层分段逐项汇总，整理列表。各类预制构件、金属结构件、钢筋、门窗、五金及外加工件应列出明细表。

（4）套用施工定额，进行工料分析。所套用的施工定额应是所在地区或企业内部自行编制的。所套用的施工定额子项应与施工图纸要求的内容一致。对于缺项部分可套用相应的其他定额或补充定额。但补充定额应是已上报主管部分批准同意使用的定额。各分部分项工程的工时耗用量可按下式计算：

各分部分项工程的工时耗用量 ＝ 该分项工程的工程量×该分部分项工程的时间定额

在进行工料分析时，需将不同技术等级的用工量折算成一级工用工量。折算一级工用工量可按下式计算：

折算一级工用工量 ＝ 分部平均登记的用工量 × 定额规定平均登记系数

各分部分项工程的材料消耗量可按下式计算：

分部分项工程的某种材料消耗量＝该分部分项工程的工程量×相应的材料消耗定额

（5）在工料分析时，应注意以下几点：

1）材料换算。对于砖石工程、混凝土工程和装饰工程等，若定额给出的是单位工程量的砂浆或混凝土用量，则应根据砂浆和混凝土的强度等级，再按其定额规定的每立方米砂浆或混凝土的水泥、石子、砂子的配比，换算出完成分部分项工程所需用的水泥、石子、砂和石灰的用量。

2）工料汇总。人工汇总时，应按同工种相加汇总。材料汇总则应按品种、规格等分别相加汇总。定额中的其他用工也应另行汇总计算，下达班组施工任务书不包括其他工。

钢筋、铁件调整。钢筋混凝土构件中的钢筋、铁件、应按施工图的实际使用情况，计算其重量，并应增加适当的消耗量（普通钢筋 3%，现浇圈梁钢筋 2%，预应力钢筋 10%，铁件 1%），一般不应直接套用定额进行工料分析。当钢筋、铁件实际用量与定额中规定的用量不一致时，应按其增加用量数，增加人工工日和材料用量。

3）外加工成品和半成品。凡属在外单位加工的成品、半成品的工程项目，如木材加工厂加工的木门窗，混凝土预制构件厂生产的预制构件等，可不进行工料分析。

（6）编制机械台班使用费的方法有三种：

1）按施工预算的工程量和施工定额所规定的机械台班费编制。

2）按施工组织设计或施工方案规定的机械配备数量和台班费用计算编制。

3）按施工图预算的机械台班费乘以 0.9～0.95，作为施工预算的机械台班费。

在编制机械台班使用费时，可根据具体情况选用其中一种方法。

（7）编制单位工程人工、材料、机械和加工件费用汇总表，利用工料分析的汇总结果和施工预算定额的预算单价，便可求得人工费、材料费和机械台班费。将人工费、材料费、机械台班使用费和加工件（预制构件、金属构件、门窗、五金、外加工件等）费用全部汇总，便可计算出单位工程的价值。

（8）进行"两算"对比，将施工预算与施工图预算分析比较。

（9）编写施工预算的编制说明。

（10）施工预算的审核。施工预算编制完毕后，要经过主管负责人审核。审核应着重以下几个方面：

1）施工预算的内容是否完整；

2）使用定额是否合理，计算是否准确；

3）抽查主要工程量是否与图纸数量相符；

4）主要材料消耗量是否按规定系数计算；

5）字迹是否清晰、整洁；

6）工程量工序是否齐全，是否漏项或者重复计算。

3 建设工程劳动定额应用

建设工程劳动定额也称人工定额。它是在正常的施工技术组织条件下，完成单位合格产品的必需的劳动消耗量的标准。这个标准是国家、企业对工人在单位时间内完成的产品数量、质量的综合要求。现行的劳动定额是 2008 年颁布的《全国建筑安装工程统一劳动定额》。适用于一般工业、民用建筑新建、扩建工程，其主要内容包括：文字说明、定额项目表、附录三部分。

3.1 劳动定额应用概述

1. 文字说明

包括前言、分册说明和分册的使用规定。

（1）前言包括：劳动定额具有共同性的问题和规定，定额的用途，适用范围，编制依据，有关定额全册综合性工作内容、格式，定额项目外直接生产用工控制指标和内容等方面的规定和说明。

（2）分册说明包括：本册附录的性质、编号和含义。

（3）分册的使用规定主要包括：范围、规范性文件引用、单位和定额时间构成、劳动技术等级、使用系数、工程量计算规则、水平运输、垂直运输、其他规定和工作内容。

1）范围

适用于一般工业和民用建筑、市政基础设施的新建、扩建、改建工程中的材料运输及材料加工。是施工企业编制施工作业计划、签发施工任务书、考核工效、实行按劳分配和经济核算的依据；是规范建筑劳务合同的签订与履行，指导施工企业劳务结算与支付管理的依据；是各地区、各部门编制预算定额、清单计价定额人工消耗量标准的依据；是各地建设行政主管部门发布实物工程量人工单价的基础。

2）规范性引用文件

《劳动定员定额术语》GB/T 14002；《工时消耗分类、代号和标准工时构成》GB/T 14163。

3）单位和定额时间构成

标准的劳动消耗量均以"时间定额"表示，以"工日"为单位，每一工日按8h计算。

定额时间是由完成生产工作的作业时间、作业宽放时间、个人生理需要与休息宽放时间以及必须分摊的准备与结束时间等部分组成。

4）劳动技术等级

根据建设工程的特点和定额工作物的技术要求，结合现行建筑安装工人高、中、初级技术等级标准划分和实际情况综合考虑。实际工作中，技术工人的配备应符合岗位设置的需求。

5）使用系数

同时使用两个或两个以上系数时，按连乘方法计算。

6）水平运输

详见《全国建筑安装工程统一劳动定额》各章节规定。

7）垂直运输

详见《全国建筑安装工程统一劳动定额》各章节规定。

8）工作内容

详见《全国建筑安装工程统一劳动定额》各项目规定的作业内容，以及有关基本事项。

2. 定额项目表和附注

定额表是分节定额的核心部分，规定了单位合格产品的用工标准。附注一般列在定额表下面，是对定额表的补充，也是对定额使用的限制。

3. 附录、附表

如超运距加工表、人力垂直运输加工表、钢筋理论重量表、名词解释、图示等。

3.2 建设工程劳动定额应用要旨

3.2.1 材料运输与加工工程量计算规则要旨

（1）材料运输：

1）砂子、碎（砾）石、碎砖、片块石、煤渣、多合土等按堆积原方计算。

2）砂浆、混凝土构件按实体积计算。

3）预制混凝土构件不扣除空心体积，按构件外形体积计算。

（2）材料加工：筛砂石按原方计算。

3.2.2 人工土石方工程量计算规则要旨

（1）人工挖、运土方均按自然方计算，松填方按松方计算，夯填土按夯实方计算。

（2）沟槽开挖中，如遇检查井、雨水井等需要增挖土方时，按实际增挖数量合计合并计入沟槽土方计算。

（3）沟槽回填土工程量计算中应扣除管道、垫层、基础及各种构筑物所占体积。

（4）土方开挖遇塌方、滑坡等情况时，应及时处理。

（5）各种放坡系数按现行有关设计及施工验收规范执行。

3.2.3 架子工程工程量计算规则要旨

（1）外架子：按搭设的架子外立面水平投影长度×高度以"m²"计算，包括上料平台、斜道。

（2）里架子：按搭设的架子立面垂直投影面积计算；工具式里架子按搭设延长米计算。

（3）整体提升架：按搭设的架子外立面垂直投影面积计算。

（4）斜道：按"座"计算。

（5）满堂脚手架：按搭设的楼（地）面水平投影面积计算，移动平台按"座"计算。

（6）金属承重支模架：按梁底投影长度计算。

（7）轻便吊架：按实铺的水平投影面积计算。

（8）金属挂栏架：按搭设长度计算。

（9）金属提升架：按墙面长度计算；每升（降）一次，移后距离以 1.8m 为准。伸出式挑架子按实搭长度计算。

（10）独立柱架子、井字架、烟囱（水塔）架子：区别不同高度和直径以"座"计算。

（11）运输道：按搭设的水平投影长度计算。

（12）垂直防护架：按搭设的立面投影面积计算；水平防护架按水平投影面积计算。

（13）安全网：按实挂长度计算。

（14）外架全封闭密目网：按实际封闭面积计算。

3.2.4 砌筑工程工程量计算规则要旨

（1）工程量按图示尺寸以体积计算。扣除门窗洞口、过人洞、空圈，嵌入墙内的钢筋混凝土梁、柱、圈梁、挑梁、过梁及凹进墙内的壁龛、管槽、暖气槽、消火栓箱所占体积。不扣除梁头、板头、檩头、垫木、木楞头、沿缘木、木砖、门窗走头、砖墙内加固钢筋、木筋、铁件、钢管及单个面积≤0.3m² 的孔洞所占体积。凸出墙面的腰线、挑檐、压顶、窗台线、虎头砖、门窗套的体积亦不增加。凸出墙面的砖垛并入墙体体积内计算。

（2）砌砖墙中已包括钢筋砖过梁、平碹和立好后的门框调直用工。

（3）计算砌块及异形砖体积时，按实砌厚度以体积计算。

（4）砖墙、混凝土砌块墙的基础与墙身划分，以防潮层为界限，无防潮层按室内地坪为界。

（5）混凝土花饰块组砌按实际安砌面积计算。

（6）石料安砌按设计图示尺寸以体积计算（基础、挡土墙、墙应按砌体不同厚度分别计算工程量）。

（7）勾缝工程量按垂直于墙面的投影面积计算，门窗洞口不扣除，墙、垛、洞口侧面等凸凹部分不展开计算。

3.2.5　木结构工程工程量计算规则要旨

（1）屋架制作与安装，按设计图示尺寸计算。屋架跨度按墙柱中心线计算；半屋架跨度按水平投影长度计算。

（2）屋面板制作，按实铺屋面面积计算。

3.2.6　模板工程工程量计算规则要旨

（1）模板工程量以模板与混凝土接触面积计算。留洞面积≤0.1m²者，不扣除工程量。

（2）现浇楼梯、阳台、雨篷均按分层水平投影面积计算，不扣除间距≤50cm的楼梯井工程量。

（3）台阶按每步模板与混凝土接触的延长米计算。

（4）明沟按沟的延长米计算。

（5）梁、柱接头工程量计算以两根构件之间一个头算一个，梁与柱之间接头，按梁接头计算。

（6）薄壳屋面按展开面积计算，可套用下列近似公式：

筒形薄壳拱展开面积≈中线部分弧长×壳面长度

双曲形薄壳拱展开面积≈长边弧长×短边弧长

（7）预制构件模板如两面接触混凝土者，按一面计算工程量。

3.2.7　钢筋工程工程量计算规则要旨

（1）工程量除特殊注明者外，均按设计图示尺寸计算，搭接部分如图纸未注明者，按《混凝土结构工程施工质量验收规范》GB 50204的规定增加。钢筋弯曲延伸长度不予扣除。钢筋单位长度重量均按《钢筋理论重量表》计算。

（2）钢筋除特殊注明者外，均不分钢种、类型、钢号，等级（合格品）以Φ、Φ、Φ、Φᴿ钢为准。

（3）钢筋制作分机械制作和部分机械制作。机械制作是指在一个有调直机或卷扬机、切断机、弯曲机等全部机械设备的车间（厂）中制作，无手工制作者。部分机械制作系指平直、切断、弯曲三道工序中有一道工序没有机械设备而采用手工制作者。部分机械制作执行部分机械制作标准。如全部采用手工制作者，则按下列公式计算：

手工制作时间定额＝部分机械制作时间定额×2－机械制作时间定额

如平直采用机械，切断、弯曲采用手工制作者，则按下列公式计算：

$$制作时间定额＝\frac{部分机械制作时间定额×3－机械制作时间定额}{2}×1.05$$

（4）屋架、梁、大型屋面板、槽、肋形板的钢筋制作及绑扎，系指非预应力钢筋的制作及绑扎。预应力钢筋的制作，按预应力钢筋制作标准执行，工程量分别计算；空心楼板和Ⅰ、Ⅱ形板的钢筋制作及绑扎，系指非预应力钢筋和预应力钢筋的制作及绑扎，工程量合并计算。

3.2.8 混凝土工程工程量计算规则要旨

（1）混凝土工程量按设计图示尺寸以体积计算（不扣除钢筋体积）。

（2）滑模工程的工程量计算：模板按实际模板面积计算；操作平台按水平投影面积计算；混凝土按设计图示尺寸以体积计算；液压千斤顶按实际安装只数计算；吊脚手按搭设投影面积计算。

3.2.9 防水工程工程量计算规则要旨

（1）卷材、涂膜防水层工程量按实铺（涂）面积计算，压边、留槎、拼缝部分不展开，附加层不计算；烟囱、通风塔、回气管等部分面积不扣除；屋面带气楼者，工程量合并计算；墙垛、梁、柱按展开面积计算，墙垛的加固部分不另增加工程量。

（2）变形缝按设计图示长度计算。

（3）水落管制作、安装按檐口至地面的立面投影高度计算（包括弯头、漏斗、斜管、直管等重复搭接）；檐沟、天沟、斜沟、泛水制作与安装，均按实际长度计算。

3.2.10 金属结构工程工程量计算规则要旨

（1）金属构件工程量按重量计算，均以设计图纸用钢量为准，所需铆钉、螺栓、电焊条等重量不另计算工程量，时间定额内已包括铆钉、螺栓、电焊条等工作时间。

（2）钢大门、钢木大门骨架及栅栏门制作，按扇计算。

（3）推拉栅栏门、钢管金属网大门、栅栏窗及钢百叶窗制作，按设计图纸门扇的尺寸以"m²"计算。

（4）半截百叶门、防火门及防爆门制作，按"樘"计算。

（5）钢百叶窗组合拼樘料，按"延长米"计算。

（6）预埋铁件制作按"10块"计算；扁角钢预埋铁件制作按"10根"计算。

（7）螺杆制作按"10根"计算；螺杆套丝制作按"10个头"计算。

（8）压型钢板及彩钢夹心板制作及安装，按设计图纸尺寸以"m²"计算。

（9）门窗扇包白铁皮按实包面积计算；门窗框包白铁皮按框实包长度计算。

3.2.11 防腐、隔热、保温工程工程量计算规则要旨

（1）防腐面层的工程量按设计图示尺寸以面积计算。平面防腐应扣除凸出地面的构筑物、设备基础等所占面积。立面防腐的砖垛等凸出部分按展开面积并入墙面积内计算。踢脚线工程量应扣除门洞所占面积，并相应增加门洞侧壁面积。

（2）砌筑沥青浸渍砖工程量按设计图示尺寸以体积计算。

（3）隔热保温屋面、天棚的工程量按设计图示尺寸以体积计算。不扣除柱、垛所占面积。

（4）墙体保温隔热的工程量按设计图示尺寸以体积计算。扣除门窗洞口所占面积；门窗洞口侧壁保温时，并入墙体工程量内计算。

（5）柱子、楼地面保温的工程量以保温层设计图示尺寸以体积计算。

3.3 装饰工程劳动定额应用要旨

3.3.1 抹灰与镶贴工程工程量计算规则要旨

（1）各种内外墙、天棚抹灰及饰面板（砖）均按设计图示尺

寸实抹或实贴面积计算，但内墙抹灰其踢脚线、装饰线和面积 ≤0.3m² 的洞口及检查口孔面积不扣除，洞口侧边不展开。

（2）楼梯（包括踏步、踢脚板、小平台、踢脚线、楼梯梁、楼梯底面抹灰等以及宽≤500mm 楼梯井的面积）按其水平投影面积计算；楼梯与楼层相连时，楼梯最上层踏步外沿加 300mm 计算。阳台和雨篷（包括起二道线、墙上泛水、踢脚线、雨篷底面抹灰在内）均按其水平投影面积计算。

（3）台阶按展开面积计算。

（4）弧形墙、阳台、雨篷、腰线的抹灰、贴砖，分别按弧形部分实抹（贴）面以"m²"、"延长米"计算。

（5）腰线、踢脚线贴砖按单面以"延长米"计算。

（6）小型抹灰及镶贴材料均按设计图示尺寸展开面积计算。

3.3.2 门窗及木装饰工程工程量计算规则要旨

（1）木门窗块料按其块料数量计算，不包括框上的梃子。如直接在门框上设固定扇冒头者，其冒头可计算块料。框的周长按"外围（高＋宽）×2"计算。

（2）楼地面、木地搁栅制作、安装及刨光的工程量按房间面积计算。

（3）楼梯按其水平投影面积计算，不扣除宽度≤500mm 楼梯井，楼梯与楼层相连时，楼梯最上层踏步外沿加 30mm 计算。

（4）墙面、隔墙及隔断工程量扣除门窗洞口及面积＞0.3m² 孔洞所占面积。

（5）单面隔墙遇有墙垛者，按展开面积计算，并入墙面工程量。

（6）踢脚线的工程量按"延长米"计算，门洞不扣，门侧不加。

（7）天棚龙骨按水平投影面积计算；天棚基层板、面层按展开面积计算。

（8）天棚带假梁者，工程量按展开面积计算。

（9）护墙板如遇有墙垛者，按展开面积计算，并入墙面工程量。

（10）楼梯扶手、栏杆和走廊扶手，均以扶手长度（包括弯头长度）计算。

（11）割角弯按割角计算，有一个割角算一个。

3.3.3 油漆、涂料、裱糊工程工程量计算规则要旨

（1）门窗（包括贴脸）、消防栓箱（带门）、配电箱（包括箱内盘）按高×宽（洞口尺寸）以"m²"计算。

（2）钢屋架（包括型钢檩条、支撑）按跨度×中高×1/2以"m²"计算。

（3）花式钢梁、柱及其他空花件、钢板拼焊工型梁柱按展开投影面以"m²"计算。

（4）间壁、隔断、栏杆、铁窗栅、金属门、混凝土花格窗及其他空花构件按长×高（外边尺寸）以"m²"计算。

（5）墙、墙裙、附墙柱按长×高（实刷面积计算，扣除门窗洞口，不扣除踢脚线，门窗立边不展开）以"m²"计算。

（6）地板、地面、踢脚线按长×高以"m²"计算。

（7）天棚、雨篷（包括梁及密肋板）、檐口天棚、阳台按长×宽（按投影面积）以"m²"计算。

（8）屋面板（包括木檩条）按斜长×宽以"m²"计算。

（9）门窗套子、窗台板、檐口线、腰线、窗口通立边、棋盘心、附墙柱、遮阳板按长×宽以"m²"计算。

（10）黑板（包括边框）、壁橱、搁板、配电盘（不带箱）按长×宽以"m²"计算。

（11）花式钢梁、柱及其他空花构件按构件断面周长×长度（杆件不展开）以"m²"计算。

（12）白铁面油漆（平屋面、库房大门、白铁门窗）按展开面积计算，瓦垄屋面不展开以"m²"计算。

（13）窗帘盒（包括窗帘棍）、挂镜线、伸缩缝、白铁排水、封檐板、博风板、扶手按实际长度以"m²"计算。

（14）贴壁纸（布）按实贴面积以"m²"计算。

（15）金属脚手架（扣件式）、钢管门式架和井字架、零星钢构件按实际重量以"t"计算。

（16）钢爬梯按实际以"步"计算。

3.3.4 玻璃、幕墙及采光屋面工程工程量计算规则要旨

（1）玻璃按实际安装的玻璃面积计算。

（2）幕墙按框外围面积计算。

（3）采光屋面按展开面积计算。

4 建筑面积计算与应用

4.1 建筑面积计算概述

我国的《建筑面积计算规则》最初是在 20 世纪 70 年代制订的，之后根据需要进行了多次修订。1982 年国家经委基本建设办公室（82）经基设字 58 号印发了《建筑面积计算规则》，对 20 世纪 70 年代制订的《建筑面积计算规则》进行了修订。1995 年建设部发布《全国统一建筑工程预算工程量计算规则》（土建工程 GJDGZ-101-95），其中含"建筑面积计算规则"，是对 1982 年的《建筑面积计算规则》进行的修订。2005 年建设部以国家标准发布了《建筑工程建筑面积计算规范》GB/T 50353—2005。

鉴于建筑发展中出现的新结构、新材料、新技术、新的施工方法，为了解决建筑技术的发展产生的面积计算问题，本着不重算、不漏算的原则，《建筑工程建筑面积计算规范》GB/T 50353—2013 对建筑面积的计算范围和计算方法进行了修改统一和完善。

《建筑工程建筑面积计算规范》为国家标准，编号为 GB/T 50353—2013，自 2014 年 7 月 1 日起实施。规范的主要技术内容是：总则、术语、计算建筑面积的规定、规范的适用范围。条文中所称建设全过程是指从项目建议书、可行性研究报告至竣工验收、交付使用的过程。新版《建筑工程建筑面积计算规范》修订的主要技术内容包括：

（1）增加了建筑物架空层的面积计算规定，取消了深基础架空层；

（2）取消了有永久性顶盖的面积计算规定，增加了无围护结构有围护设施的面积计算规定；

（3）修订了落地橱窗、门斗、挑廊、走廊、檐廊的面积计算规定；

（4）增加了凸（飘）窗的建筑面积计算要求；

（5）修订了围护结构不垂直于水平面而超出底板外沿的建筑物的面积计算规定；

（6）删除了原室外楼梯强调的有永久性顶盖的面积计算要求；

（7）修订了阳台的面积计算规定；

（8）修订了外保温层的面积计算规定；

（9）修订了设备层、管道层的面积计算规定；

（10）增加了门廊的面积计算规定；

（11）增加了有顶盖的采光井的面积计算规定。

4.2 计算建筑面积的规定

（1）建筑物的建筑面积应按自然层外墙结构外围水平面积之和计算。结构层高在2.20m及以上的，应计算全面积；结构层高在2.20m以下的，应计算1/2面积。

（2）建筑物内设有局部楼层时，对于局部楼层的二层及以上楼层，有围护结构的应按其围护结构外围水平面积计算，无围护结构的应按其结构底板水平面积计算，且结构层高在2.20m及以上的，应计算全面积，结构层高在2.20m以下的，应计算1/2面积。

（3）对于形成建筑空间的坡屋顶，结构净高在2.10m及以上的部位应计算全面积；结构净高在1.20m及以上至2.10m以下的部位应计算1/2面积；结构净高在1.20m以下的部位不应计算建筑面积。

（4）对于场馆看台下的建筑空间，结构净高在2.10m及以上的部位应计算全面积；结构净高在1.20m及以上至2.10m以下的部位应计算 1/2 面积；结构净高在 1.20m 以下的部位不应计算建筑面积。室内单独设置的有围护设施的悬挑看台，应按看台结构底板水平投影面积计算建筑面积。有顶盖无围护结构的场馆看台应按其顶盖水平投影面积的 1/2 计算面积。

（5）地下室、半地下室应按其结构外围水平面积计算。结构层高在 2.20m 及以上的，应计算全面积；结构层高在 2.20m 以下的，应计算 1/2 面积。

（6）出入口外墙外侧坡道有顶盖的部位，应按其外墙结构外围水平面积的 1/2 计算面积。

（7）建筑物架空层及坡地建筑物吊脚架空层，应按其顶板水平投影计算建筑面积。结构层高在 2.20m 及以上的，应计算全面积；结构层高在 2.20m 以下的，应计算 1/2 面积。

（8）建筑物的门厅、大厅应按一层计算建筑面积，门厅、大厅内设置的走廊应按走廊结构底板水平投影面积计算建筑面积。结构层高在 2.20m 及以上的，应计算全面积；结构层高在 2.20m 以下的，应计算 1/2 面积。

（9）对于建筑物间的架空走廊，有顶盖和围护设施的，应按其围护结构外围水平面积计算全面积；无围护结构、有围护设施的，应按其结构底板水平投影面积计算 1/2 面积。

（10）对于立体书库、立体仓库、立体车库，有围护结构的，应按其围护结构外围水平面积计算建筑面积；无围护结构、有围护设施的，应按其结构底板水平投影面积计算建筑面积。无结构层的应按一层计算，有结构层的应按其结构层面积分别计算。结构层高在 2.20m 及以上的，应计算全面积；结构层高在 2.20m 以下的，应计算 1/2 面积。

（11）有围护结构的舞台灯光控制室，应按其围护结构外围水平面积计算。结构层高在 2.20m 及以上的，应计算全面积；结构层高在 2.20m 以下的，应计算 1/2 面积。

（12）附属在建筑物外墙的落地橱窗，应按其围护结构外围水平面积计算。结构层高在 2.20m 及以上的，应计算全面积；

结构层高在 2.20m 以下的，应计算 1/2 面积。

（13）窗台与室内楼地面高差在 0.45m 以下且结构净高在 2.10m 及以上的凸（飘）窗，应按其围护结构外围水平面积计算 1/2 面积。

（14）有围护设施的室外走廊（挑廊），应按其结构底板水平投影面积计算 1/2 面积；有围护设施（或柱）的檐廊，应按其围护设施（或柱）外围水平面积计算 1/2 面积。

（15）门斗应按其围护结构外围水平面积计算建筑面积，且结构层高在 2.20m 及以上的，应计算全面积；结构层高在 2.20m 以下的，应计算 1/2 面积。

（16）门廊应按其顶板的水平投影面积的 1/2 计算建筑面积；有柱雨篷应按其结构板水平投影面积的 1/2 计算建筑面积；无柱雨篷的结构外边线至外墙结构外边线的宽度在 2.10m 及以上的，应按雨篷结构板的水平投影面积的 1/2 计算建筑面积。

（17）设在建筑物顶部的、有围护结构的楼梯间、水箱间、电梯机房等，结构层高在 2.20m 及以上的应计算全面积；结构层高在 2.20m 以下的，应计算 1/2 面积。

（18）围护结构不垂直于水平面的楼层，应按其底板面的外墙外围水平面积计算。结构净高在 2.10m 及以上的部位，应计算全面积；结构净高在 1.20m 及以上至 2.10m 以下的部位，应计算 1/2 面积；结构净高在 1.20m 以下的部位，不应计算建筑面积。

（19）建筑物的室内楼梯、电梯井、提物井、管道井、通风排气竖井、烟道，应并入建筑物的自然层计算建筑面积。有顶盖的采光井应按一层计算面积，且结构净高在 2.10m 及以上的，应计算全面积；结构净高在 2.10m 以下的，应计算 1/2 面积。

（20）室外楼梯应并入所依附建筑物自然层，并应按其水平投影面积的 1/2 计算建筑面积。

（21）在主体结构内的阳台，应按其结构外围水平面积计算全面积；在主体结构外的阳台，应按其结构底板水平投影面积计算 1/2 面积。

（22）有顶盖无围护结构的车棚、货棚、站台、加油站、收费站等，应按其顶盖水平投影面积的 1/2 计算建筑面积。

（23）以幕墙作为围护结构的建筑物，应按幕墙外边线计算建筑面积。

（24）建筑物的外墙外保温层，应按其保温材料的水平截面积计算，并计入自然层建筑面积。

（25）与室内相通的变形缝，应按其自然层合并在建筑物建筑面积内计算。对于高低联跨的建筑物，当高低跨内部连通时，其变形缝应计算在低跨面积内。

（26）对于建筑物内的设备层、管道层、避难层等有结构层的楼层，结构层高在 2.20m 及以上的，应计算全面积；结构层高在 2.20m 以下的，应计算 1/2 面积。

（27）下列项目不应计算建筑面积：

1）与建筑物内不相连通的建筑部件；

2）骑楼、过街楼底层的开放公共空间和建筑物通道；

3）舞台及后台悬挂幕布和布景的天桥、挑台等；

4）露台、露天游泳池、花架、屋顶的水箱及装饰性结构构件；

5）建筑物内的操作平台、上料平台、安装箱和罐体的平台；

6）勒脚、附墙柱、垛、台阶、墙面抹灰、装饰面、镶贴块料面层、装饰性幕墙，主体结构外的空调室外机搁板（箱）、构件、配件，挑出宽度在 2.10m 以下的无柱雨篷和顶盖高度达到或超过两个楼层的无柱雨篷；

7）窗台与室内地面高差在 0.45m 以下且结构净高在 2.10m 以下的凸（飘）窗，窗台与室内地面高差在 0.45m 及以上的凸（飘）窗；

8）室外爬梯、室外专用消防钢楼梯；

9）无围护结构的观光电梯；

10）建筑物以外的地下人防通道，独立的烟囱、烟道、地

沟、油（水）罐、气柜、水塔、贮油（水）池、贮仓、栈桥等构
筑物。

4.3 建筑面积计算实例

（1）如图 4-1 所示某单层建筑物示意图，求其建筑面积。

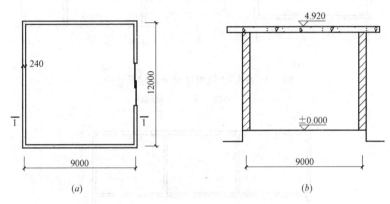

图 4-1 某单层建筑物示意图
（a）平面图；（b）1-1 剖面图

因建筑物高度 4.80m＞2.2m，故应计算全面积。
$$S = [(9.00+0.24) \times (12.0+0.24)]m^2$$
$$= 113.10m^2$$

（2）如图 4-2 所示为一单层建筑物带部分楼层示意图，求其
建筑面积。

建筑物建筑面积计算如下：
$$S = [(4.5+2.4+0.24) \times (6.6+4.2+0.24)+(4.5+0.24) \times$$
$$(4.2+0.24) \times \frac{1}{2}+(4.5+0.24) \times (4.2+0.24)]m^2$$
$$= (78.8256+10.5228+21.0456)m^2$$
$$= 110.394m^2$$

（3）如图 4-3 所示为一深基础架空层，试求其建筑面积。

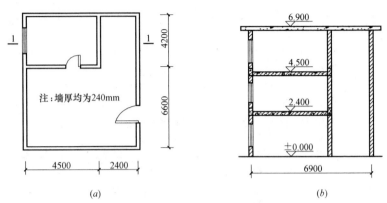

（a）

（b）

图 4-2　单层建筑物带部分楼层示意图

（a）平面图；（b）1-1 剖面图

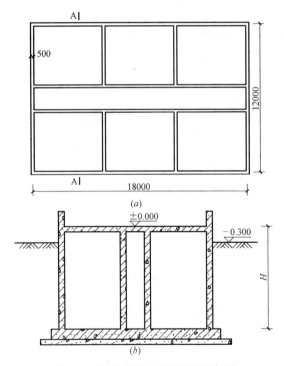

（a）

（b）

图 4-3　深基础作地下架空层示意图

（a）基础平面图；（b）A-A 基础剖面图

深基础架空层，设计加以利用并有围护结构，层高 $H = 2.3\text{m}$。计算建筑面积。

其建筑面积为：

$$S = (18.0 + 0.5) \times (12.0 + 0.5)\text{m}^2$$
$$= 231.25\text{m}^2$$

（4）如图 4-4 所示为一书库，求其建筑面积。

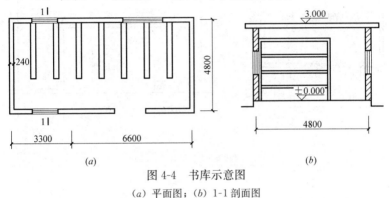

图 4-4　书库示意图

（a）平面图；（b）1-1 剖面图

立体书库无结构层的应按一层计算，建筑面积为：

$$S = (3.3 + 6.6 + 0.24) \times (4.8 + 0.24)\text{m}^2$$
$$= 51.11\text{m}^2$$

（5）如图 4-5 所示，为一立体仓库示意图，试求其建筑面积。

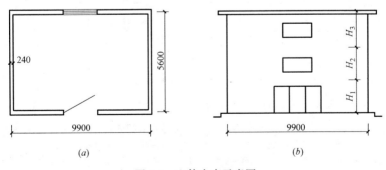

图 4-5　立体仓库示意图

（a）平面图；（b）立面图

此仓库有三层结构层，层高均等于 2.5m，则其建筑面积为：

$$S = (9.9 + 0.24) \times (5.6 + 0.24) \times 3 \text{m}^2$$
$$= 177.65 \text{m}^2$$

（6）如图 4-6 所示为一门斗示意图，求其建筑面积。

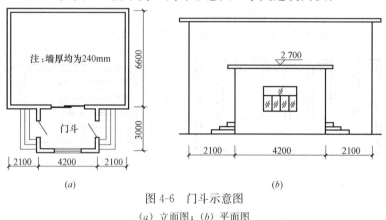

(a)　　　　　　　　(b)

图 4-6　门斗示意图

（a）立面图；（b）平面图

该门斗有围护结构，且层高 $H = 2.7\text{m} > 2.20\text{m}$，则其建筑面积为：

$$S = (4.2 + 0.24) \times 3.0 \text{m}^2 = 13.32 \text{m}^2$$

（7）如图 4-7 所示，为某建筑物檐廊示意图，求檐廊建筑面积。

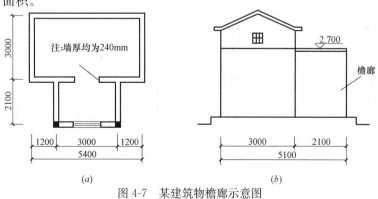

(a)　　　　　　　　(b)

图 4-7　某建筑物檐廊示意图

（a）平面图；（b）侧立面图

此檐廊有围护结构且层高 $H=2.70\text{m}$，故其建筑面积为：
$$S=2.1\times(3.0+0.24)\text{m}^2=6.80\text{m}^2$$

（8）如图 4-8 所示，求其屋顶上面楼梯间的建筑面积。

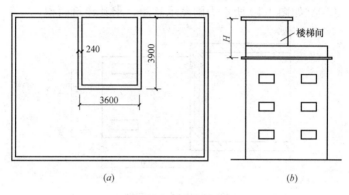

（a）

（b）

图 4-8　屋顶楼梯间示意图

（a）屋顶平面图；（b）侧面图

屋顶楼梯间高度 $H=2.70\text{m}$，则其建筑面积为：
$$S=(3.6+0.24)\times(3.9+0.24)\text{m}^2$$
$$=15.90\text{m}^2$$

（9）如图 4-9 所示，某 12 层高层建筑物平面示意图，求电梯井建筑面积。

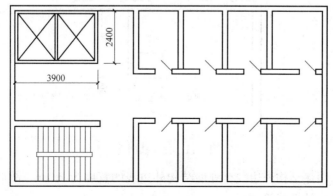

图 4-9　电梯井示意图

71

建筑物内的电梯井按建筑物自然层计算。电梯井建筑面积为：

$$S = 3.9 \times 2.4 \times 12 \text{m}^2 = 112.32 \text{m}^2$$

（10）如图 4-10 所示为雨篷示意图，求其建筑面积。

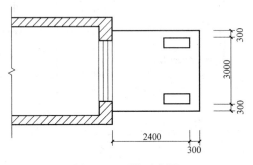

图 4-10 雨篷示意图

雨篷结构的外边线至外墙结构外边线的宽度超过 2.10m 者，应按雨篷结构板的水平投影面积的 1/2 计算。雨篷建筑面积为：

$$S = \frac{1}{2} \times (2.4 + 0.3) \times (3.0 + 0.3 \times 2) \text{m}^2$$

$$= 4.86 \text{m}^2$$

（11）如图 4-11 所示，求雨篷建筑面积。

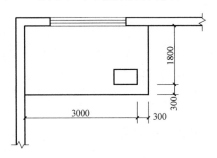

图 4-11 独立柱雨篷

雨篷结构外边线至外墙结构外边线的宽度为 2.1m，故此雨篷不应计算建筑面积。

（12）如图 4-12 所示，某六层建筑物的室外楼梯示意图，求楼梯建筑面积。

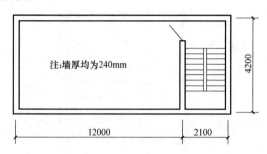

图 4-12　某建筑物顶层平面图

此室外楼梯有永久性顶盖，则其建筑面积为：

$$S=(2.1+0.24)\times(4.2+0.24)\times6\times\frac{1}{2}\mathrm{m}^2$$

$$=31.17\mathrm{m}^2$$

（13）如图 4-13 所示，求阳台建筑面积。

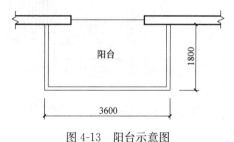

图 4-13　阳台示意图

建筑物的悬挑阳台应按其水平投影面积的 1/2 计算。阳台建筑面积为：

$$S=\frac{1}{2}\times1.8\times3.6\mathrm{m}^2=3.24\mathrm{m}^2$$

（14）如图 4-14 所示，求阳台建筑面积。

建筑物主体结构内的阳台应按其外围水平面积计算全面积。阳台建筑面积为：

$$S=1.8\times3.6\mathrm{m}^2=6.48\mathrm{m}^2$$

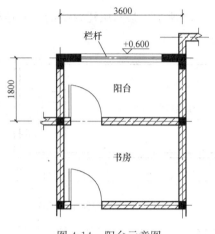

图 4-14 阳台示意图

（15）如图 4-15 所示车棚，试求其建筑面积。

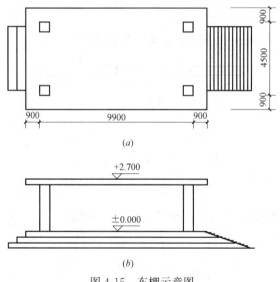

(a)

(b)

图 4-15 车棚示意图

（a）平面图；（b）立面图

有永久性顶盖无围护结构的车棚，应按其顶盖水平投影面积的 1/2 计算。

$$S=\frac{1}{2}\times(9.9+0.9\times2)\times(4.5+0.9\times2)\mathrm{m}^2=36.86\mathrm{m}^2$$

（16）如图 4-16 所示，为有柱站台，求其建筑面积。

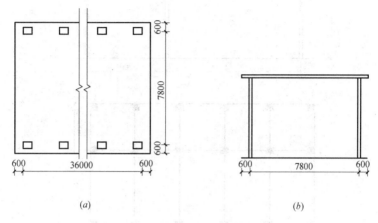

(a) 　　　　　　　　　　(b)

图 4-16　有柱站台示意图
（a）平面示意图；（b）侧面图

有永久性顶盖无围护结构的站台，应按其顶盖水平投影面积的 1/2 计算。

$$S=\frac{1}{2}\times(36.0+0.6\times2)\times(7.8+0.6\times2)\mathrm{m}^2$$

$$=\frac{1}{2}\times37.2\times9.0\mathrm{m}^2$$

$$=167.4\mathrm{m}^2$$

（17）如图 4-17 所示，高低连跨建筑物，求其建筑面积。

高低连跨的建筑物，应以高跨结构外边线为界分别计算建筑面积；其高低跨内部连通时，其变形缝应计算在低跨面积内。

$$S=S_\text{高}+S_\text{低}$$

$$=(9.9\times30.0+6.0\times30.0)\mathrm{m}^2$$

$$=(297.0+180.0)\mathrm{m}^2$$

$$=477.0\mathrm{m}^2$$

（18）某建筑如图 4-18 所示，建筑采用 240mm 砖墙砌筑，

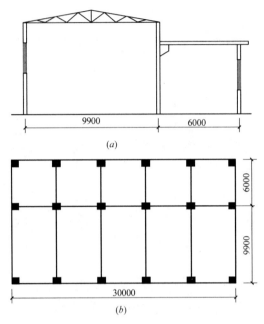

图 4-17 单层高低连跨建筑物

（a）立面图；（b）平面图

墙外做 100mm 厚泡沫混凝土保温隔热层，试计算其建筑面积。

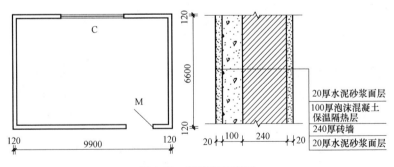

20厚水泥砂浆面层
100厚泡沫混凝土保温隔热层
240厚砖墙
20厚水泥砂浆面层

图 4-18 某建筑示意图

建筑物外墙外侧有保温隔热层的，应按保温隔热层外边线计算建筑面积。

其建筑面积 $S=(9.9+0.12\times2+0.1\times2)\times(6.6+0.12\times2+0.1\times2)\mathrm{m}^2$
$=72.79\mathrm{m}^2$

（19）某建筑设飘窗如图 4-19 所示，试计算其建筑面积。

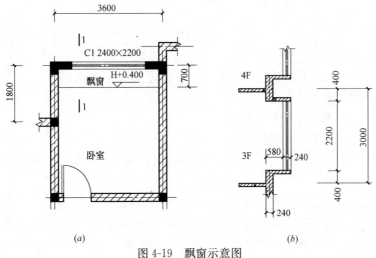

图 4-19　飘窗示意图

（a）平面示意图；（b）1-1 剖面图

窗台高 0.4m，小于 0.45m，飘窗净高 2.2m，大于 2.1m，应按其围护结构外围水平面积计算 1/2 面积。

其建筑面积 $S=1/2\times3.6\times(0.7+0.12)\mathrm{m}^2=1.48\mathrm{m}^2$

5　建筑安装工程费用各类组成及计算

5.1　基础定额工程量计算基本知识

1. 基础定额基本知识

（1）基础定额的作用

定额总说明中明确规定："建筑工程基础定额是完成规定计量单位分项工程计价的人工、材料、施工机械台班消耗标准，是统一全国建筑工程预算工程量计算规则、项目划分、计量单位的依据；是编制建筑工程（土建部分）地区单位估价表，确定工程造价，编制概算定额及投资估算指标的依据；也可作为投标工程标底，企业定额和投标报价的基础。"

具体说就是要统一控制定额项目人工、材料、机械台班消耗量；其次是要统一工程量计算规则、项目划分、计量单位，以便同国际接轨；第三是编制概算定额，估算指标的基础，这主要是为了达到控制全国投资规模的整体水平。

（2）定额适用范围

基础定额适用于工业与民用建筑新建、扩建、改建工程。对于特殊的建筑工程或专业性较强的建筑工程，应按照关于定额管理分工的有关规定执行。扩建是指在原来基础上扩大建设规模，增加建筑面积。改建是指在原来基础上翻新改建，整体内外装修（包括土建、水、电、设备），部分或整体拆除以后重建。

（3）定额包括的内容

定额总说明中规定："本定额是按照正常的施工条件，目前多数建筑企业的施工机械装备程度，合理的施工工期、施工工艺、劳动组织为基础编制的。"

冬季平均气温5℃以下，需要施工时，其增加的材料人工降效因素列入费用定额项下，对于暑夏、炎热施工，其暑夏炎热温度界线由各地区按当地常规确定，需要增加的费用列入费用定额项下。超过海拔2000m或者地震七度区以外的地区如需特殊措施费用，由地区负责决定。建筑物施工高度是指20m（室外地坪至檐口）以内，超过高度按《全国统一建筑工程基础定额》第十四章规定另行计算；施工范围是指厂区以内，或新建工程施工组织设计规定范围以内，超过时按有关规定处理；工程为合格品，如有特殊要求，在工程合同中约定。

多数建筑企业的施工机械装备程度，已在各章节项目组成中体现，除注明允许换算外，都按定额执行。合理施工工期，是按Ⅱ类地区编制，如为Ⅰ类和Ⅲ类地区按照国家工期定额规定由各省市负责相应的调整定额水平。合理施工工艺，经过调查已在章节项目组成中体现，除注明允许换算外，都按定额执行。定额各章节中未计算材料、成品、半成品构件的场外运输，如发生场外运输时，另行计算。

（4）定额综合工日内容

定额工日部分工种、技术等级，一律以综合工日表示。内容包括基本用工、超运距用工、辅助用工、人工幅度差等。定额人工综合工日数按下式计算：

综合工日＝∑（劳动定额基本用工＋超运距用工＋辅助用工）
×（1＋人工幅度差率）

超运距用工是指超过劳动定额规定运输以外增加运距工。

人工幅度差是指，劳动定额未包括实际施工包括或可能包括的工作内容，其内容是：工序交叉、搭接停歇的时间损失；机械临时维修；小修移动不可避免的时间损失；工程检验影响的时间损失；施工收尾及工作面小影响的时间损失；施工用水、电管线移动影响的时间损失；工程完工，工作面转移造成的时间损失。

（5）定额材料消耗量包括的内容

定额中的材料消耗包括主要材料、辅助材料、零星材料。凡能计算的材料、成品、半成品均按品种、规格逐一列出数量，并计入了相应损耗，其内容包括：从工地仓库或现场集中堆放地点至现场加工地点或操作地点以及加工地点至安装地点的运输损耗，施工操作损耗，施工现场堆放损耗。难以计量的材料以及其他材料占该项目能计量材料之和的百分比表示。

施工用的周转性材料（模板、脚手架等），按不同施工方法、不同材质列出一次使用摊销量，混凝土、砌筑砂浆、抹灰砂浆及各种胶泥定额均按半成品立方米表示（包括损耗量）。

其材料单额损耗和运距，只包括："现场（加工厂）集中堆放地点至现场（加工厂）加工地点或操作地点以及加工地点至安装地点的范围"。超过此范围，应另行处理。如由于场地窄小或其他原因必须发生材料二次倒运时，其增加的材料损耗和运距，另行计算（损耗率可按定额规定的损耗率20%计算）。

（6）定额机械台班消耗量包括的内容

挖掘机械（包括推土机、铲运机）、打桩机械、安装机械、运输机械、金属结构制作机械等，分别按机械功能和容量，区别按主机和辅助机械（并计算机械幅度差）以台班量表示。未列机械，为其他机械费以该项目已列机械费之和的百分比列出。

（7）定额项目中垂直运输高度计算

定额项目中未包括材料、构件的垂直运输，垂直运输另按《全国统一建筑工程基础定额》第十三章"建筑工程垂直运输定额"分高度（或层数）计算垂直运输机械台班和综合工日。建筑物室外地坪至檐口高度超20m时，另按《全国统一建筑工程基础定额》第十四章规定计算超高人工、机械降效费用。

（8）垂直运输高度是否还有限制

定额是按4m以上制定垂直运输费用的，如单层建筑物高度在 4m 以内时（室外地坪至檐高），不计算垂直运输费用。

（9）木材干燥费和蒸气养护费计算

按规范规定木构件材料需保证含水率在 18% 以内，如必须进行人工干燥，其发生的木材干燥费用应计入项目内。本定额未计入此项费用，由各省、自治区、直辖市按干燥方法计入费用，其内容包括干燥时发生的人工费，干燥使用燃料费，干燥设备费及木材干燥损耗等。干燥损耗按干燥木材量 7% 计算费用。需要计入木材干燥费的项目有：木门窗、木装饰、木地板。蒸气护费包括预制构件厂混凝土构件，和现场须用进行蒸气养护的混凝土构件，此项费用本定额未计入。凡预制构件厂生产的构件，确系进行蒸气养护的，应由各省、自治区、直辖市计入费用，内容包括人工费、燃料费、折旧设备费。现场需要蒸气养护的混凝土构件应按实际情况计算蒸气养护费。

（10）各类混凝土及砂浆等的计算方法

定额中各类混凝土、砂浆等都是以半成品计入定额项目，只包括了材料及其损耗率，未计入人工及材料费。其取定和计算方法是按国家现行规范及常用的资料取定和计算的。凡使用材料与定额取定品种规格相同的按定额执行。各地区使用材料与定额项目不同的由各地区负责调整。

2. 工程量计算规则应用

全国统一建筑工程基础定额工程量计算规则适用于工业与民用房屋建筑及构筑物施工图设计阶段编制工程量预算及工程量清单，也适用于工程设计变更后的工程量计算。并与《全国统一建筑工程基础定额》相配套，作为确定建筑工程造价及其消耗量的依据。

建筑工程预算工程量除依据《全国统一建筑工程基础定额》及规则各项规定外，尚应依据以下文件：

（1）经审定的施工设计图纸及其说明；

（2）经审定的施工组织设计或施工技术措施方案；

（3）经审定的其他有关技术经济文件。

规则的计算尺寸，以设计图纸表示的尺寸或设计图纸能读出的尺寸为准。除另有规定外，工程量的计量单位应按下列规定：

（1）以体积计算的为立方米（m³）；

（2）以面积计算的为平方米（m²）；

（3）以长度计算的为米（m）；

（4）以重量计算的为吨或千克（t 或 kg）；

（5）以件（个或组）计算的为件（个或组）；

汇总工程量时，其准确取值：立方米、平方米、米以下取两位；吨以下取三位；千克、件取整数。

计算工程量时，应以施工图纸顺序，分部、分项，依次计算，并尽可能采用计算表格及计算机计算，简化计算过程。

5.2 装饰装修消耗量定额工程量计算基本知识

（1）《全国统一建筑装饰装修工程消耗量定额》是完成规定计量单位装饰装修分项工程所需的人工、材料、施工机械台班消耗量的计量标准。

（2）定额可与《全国统一建筑装饰装修工程量清单计量规则》配合使用，是编制装饰装修工程单位估价表、招标工程标底、施工图预算、确定工程造价的依据；是编制装饰装修工程概算定额（指标）、估算指标的基础；是编制企业定额、投标报价的参考。

（3）定额适用于新建、扩建和改建工程的建筑装饰装修。

（4）定额是依据国家有关现行产品标准、设计规范、施工及验收规范、技术操作规程、质量评定标准和安全操作规程编制的，并参考了有关地区标准和有代表性的工程设计、施工资料和其他资料。

（5）定额是按照正常施工条件、目前多数企业具备的机械装备程度、施工中常用的施工方法、施工工艺和劳动组织，以及合理工期进行编制的。

（6）定额人工消耗量的确定：人工不分工种、技术等级，以综合工日表示。内容包括基本用工、超运距用工、人工幅度差、辅助用工。

（7）定额材料消耗量的确定：

1）本定额采用的建筑装饰装修材料、半成品、成品均按符合国家质量标准和相应设计要求的合格产品考虑。

2）本定额中的材料消耗量包括施工中消耗的主要材料、辅助材料和零星材料等，并计算了相应的施工场内运输及施工操作的损耗。

3）用量很少、占材料费比重很小的零星材料合并为其他材料费，以材料费的百分比表示。

4）施工工具用具性消耗材料，未列出定额消耗量，在建筑安装工程费用定额中按工具用具使用费考虑。

（8）定额机械台班消耗量的确定：

1）定额的机械台班消耗量是按正常合理的机械配备、机械施工工效测算确定的。

2）机械原值在 2000 元以内、使用年限在 2 年以内的、不构成固定资产的低值易耗的小型机械，未列入定额，作为工具用具在建筑安装工程费用定额中考虑。

（9）定额均已综合了搭拆 3.6m 以内简易脚手架用工及脚手架摊销材料，3.6m 以上需搭设的装饰装修脚手架按《全国统一建筑装饰装修工程消耗量定额》第七章"装饰装修脚手架及项目成品保护费"相应子目执行。

（10）定额木材不分板材与方材，均以 XX（指硬木、杉木或松木）锯材取定。即：经过加工的称锯材，未经过加工的称圆木。木种分类规定如下：

第一、二类：红松、水桐木、樟木松、白松（云杉、冷杉）

杉木、杨木、柳木、椴木。

第三、四类：青松、黄花松、秋子木、马尾松、东北榆木、柏木、苦楝木、梓木、黄波萝、椿木、楠木、柚木、樟木、栎木（柞木）、檀木、色木、槐木、荔木、麻栗木（麻栎、青刚）、桦木、荷木、水曲柳、华北榆木、榉木、橡木、枫木、核桃木、樱桃木。

（11）定额所采用的材料、半成品、成品的品种、规格型号与设计不符时，可按各章规定调整。如定额中以饰面夹板、实木（以锯材取定）、装饰线条表示的，其材质包括榉木、橡木、柚木、枫木、核桃木、樱桃木、桦木、水曲柳等；部分列有榉木或者橡木、枫木的项目，如实际使用的材质与取定的不符时，可以换算，但其消耗量不变。

（12）定额与《全国统一建筑工程基础定额》相同的项目，均以定额项目为准；定额未列项目（如找平层、垫层等），则按《全国统一建筑工程基础定额》相应项目执行。

（13）卫生洁具、装饰灯具、给水排水、电气等安装工程按《全国统一安装工程预算定额》相应项目执行。

（14）定额中的工作内容已说明了主要的施工工序，次要工序虽未说明，但均已包括在内。

（15）定额注有"XX以内"或"XX以下"者，均包括 XX本身；"XX以外"或"XX以上"者，则不包括 XX 本身。

5.3 按费用构成要素划分工程造价

建筑安装工程费按照费用构成要素划分：由人工费、材料（包含工程设备，下同）费、施工机具使用费、企业管理费、利润、规费和税金组成。其中人工费、材料费、施工机具使用费、企业管理费和利润包含在分部分项工程费、措施项目费、其他项目费中（图 5-1）。

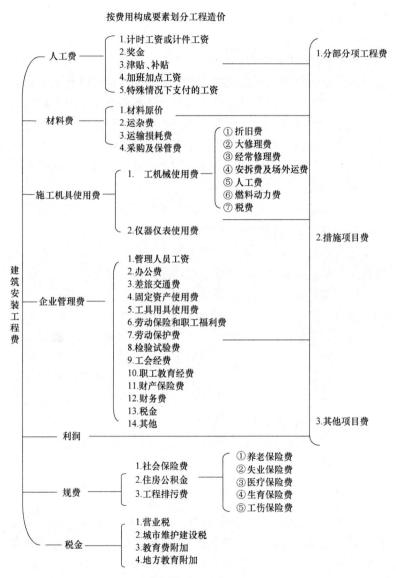

图 5-1　建筑安装工程费用项目组成

5.4 人工费组成与计算

5.4.1 人工费内容

人工费：是指按工资总额构成规定，支付给从事建筑安装工程施工的生产工人和附属生产单位工人的各项费用。内容包括：

（1）计时工资或计件工资：是指按计时工资标准和工作时间或对已做工作按计件单价支付给个人的劳动报酬。

（2）奖金：是指对超额劳动和增收节支支付给个人的劳动报酬。如节约奖、劳动竞赛奖等。

（3）津贴补贴：是指为了补偿职工特殊或额外的劳动消耗和因其他特殊原因支付给个人的津贴，以及为了保证职工工资水平不受物价影响支付给个人的物价补贴。如流动施工津贴、特殊地区施工津贴、高温（寒）作业临时津贴、高空津贴等。

（4）加班加点工资：是指按规定支付的在法定节假日工作的加班工资和在法定日工作时间外延时工作的加点工资。

（5）特殊情况下支付的工资：是指根据国家法律、法规和政策规定，因病、工伤、产假、计划生育假、婚丧假、事假、探亲假、定期休假、停工学习、执行国家或社会义务等原因按计时工资标准或计时工资标准的一定比例支付的工资。

5.4.2 人工费计算

公式1：人工费＝∑（工日消耗量×日工资单价）

日工资单价＝

$$\frac{生产工人平均月工资(计时、计件)＋平均月(奖金＋津贴补贴＋特殊情况下支付的工资)}{年平均每月法定工作日}$$

注：公式1主要适用于施工企业投标报价时自主确定人工费，也是工程造价管理机构编制计价定额确定定额人工单价或发布人工成本信息的参考依据。

公式2：人工费＝∑（工程工日消耗量×日工资单价）

日工资单价是指施工企业平均技术熟练程度的生产工人在每

工作日（国家法定工作时间内）按规定从事施工作业应得的日工资总额。

工程造价管理机构确定日工资单价应通过市场调查、根据工程项目的技术要求，参考实物工程量人工单价综合分析确定，最低日工资单价不得低于工程所在地人力资源和社会保障部门所发布的最低工资标准的：普工1.3倍、一般技工2倍、高级技工3倍。

工程计价定额不可只列一个综合工日单价，应根据工程项目技术要求和工种差别适当划分多种日人工单价，确保各分部工程人工费的合理构成。

注：公式2适用于工程造价管理机构编制计价定额时确定定额人工费，是施工企业投标报价的参考依据。

5.5 材料费组成与计算

5.5.1 材料费内容

材料费：是指施工过程中耗费的原材料、辅助材料、构配件、零件、半成品或成品、工程设备的费用。内容包括：

（1）材料原价：是指材料、工程设备的出厂价格或商家供应价格。

（2）运杂费：是指材料、工程设备自来源地运至工地仓库或指定堆放地点所发生的全部费用。

（3）运输损耗费：是指材料在运输装卸过程中不可避免的损耗。

（4）采购及保管费：是指为组织采购、供应和保管材料、工程设备的过程中所需要的各项费用。包括采购费、仓储费、工地保管费、仓储损耗。

工程设备是指构成或计划构成永久工程一部分的机电设备、金属结构设备、仪器装置及其他类似的设备和装置。

5.5.2 材料费计算

（1）材料费：

材料费＝∑（材料消耗量×材料单价）

材料单价＝[（材料原价＋运杂费）×[1＋运输损耗率(％)]]×[1＋采购保管费率(％)]

（2）工程设备费：

工程设备费＝∑（工程设备量×工程设备单价）

工程设备单价＝(设备原价＋运杂费)×[1＋采购保管费率(％)]

5.6 施工机具使用费组成与计算

5.6.1 施工机具使用费内容

施工机具使用费：是指施工作业所发生的施工机械、仪器仪表使用费或其租赁费。

（1）施工机械使用费：以施工机械台班耗用量乘以施工机械台班单价表示，施工机械台班单价应由下列七项费用组成：

1）折旧费：指施工机械在规定的使用年限内，陆续收回其原值的费用。

2）大修理费：指施工机械按规定的大修理间隔台班进行必要的大修理，以恢复其正常功能所需的费用。

3）经常修理费：指施工机械除大修理以外的各级保养和临时故障排除所需的费用。包括为保障机械正常运转所需替换设备与随机配备工具附具的摊销和维护费用，机械运转中日常保养所需润滑与擦拭的材料费用及机械停滞期间的维护和保养费用等。

4）安拆费及场外运费：安拆费指施工机械（大型机械除外）在现场进行安装与拆卸所需的人工、材料、机械和试运转费用以及机械辅助设施的折旧、搭设、拆除等费用；场外运费指施工机械整体或分体自停放地点运至施工现场或由一施工地点运至另一施工地点的运输、装卸、辅助材料及架线等费用。

5）人工费：指机上司机（司炉）和其他操作人员的人工费。

6）燃料动力费：指施工机械在运转作业中所消耗的各种燃料及水、电等。

7）税费：指施工机械按照国家规定应缴纳的车船使用税、保险费及年检费等。

（2）仪器仪表使用费：是指工程施工所需使用的仪器仪表的摊销及维修费用。

5.6.2 施工机具使用费计算

（1）施工机械使用费：施工机械使用费＝$\sum$（施工机械台班消耗量×机械台班单价）

机械台班单价＝台班折旧费＋台班大修费＋台班经常修理费＋台班安拆费及场外运费＋台班人工费＋台班燃料动力费＋台班车船税费

注：工程造价管理机构在确定计价定额中的施工机械使用费时，应根据《建筑施工机械台班费用计算规则》结合市场调查编制施工机械台班单价。施工企业可以参考工程造价管理机构发布的台班单价，自主确定施工机械使用费的报价，如租赁施工机械，公式为：施工机械使用费＝$\sum$（施工机械台班消耗量×机械台班租赁单价）。

（2）仪器仪表使用费：仪器仪表使用费＝工程使用的仪器仪表摊销费＋维修费

5.7 企业管理费组成与计算

5.7.1 企业管理费内容

企业管理费：是指建筑安装企业组织施工生产和经营管理所需的费用。内容包括：

（1）管理人员工资：是指按规定支付给管理人员的计时工资、奖金、津贴补贴、加班加点工资及特殊情况下支付的工资等。

（2）办公费：是指企业管理办公用的文具、纸张、账表、印刷、邮电、书报、办公软件、现场监控、会议、水电、烧水和集体取暖降温（包括现场临时宿舍取暖降温）等费用。

（3）差旅交通费：是指职工因公出差、调动工作的差旅费、住勤补助费，市内交通费和误餐补助费，职工探亲路费，劳动力招募费，职工退休、退职一次性路费，工伤人员就医路费，工地转移费以及管理部门使用的交通工具的油料、燃料等费用。

（4）固定资产使用费：是指管理和试验部门及附属生产单位使用的属于固定资产的房屋、设备、仪器等的折旧、大修、维修或租赁费。

（5）工具用具使用费：是指企业施工生产和管理使用的不属于固定资产的工具、器具、家具、交通工具和检验、试验、测绘、消防用具等的购置、维修和摊销费。

（6）劳动保险和职工福利费：是指由企业支付的职工退职金、按规定支付给离休干部的经费，集体福利费、夏季防暑降温、冬季取暖补贴、上下班交通补贴等。

（7）劳动保护费：是企业按规定发放的劳动保护用品的支出。如工作服、手套、防暑降温饮料以及在有碍身体健康的环境中施工的保健费用等。

（8）检验试验费：是指施工企业按照有关标准规定，对建筑以及材料、构件和建筑安装物进行一般鉴定、检查所发生的费用，包括自设试验室进行试验所耗用的材料等费用。不包括新结构、新材料的试验费，对构件做破坏性试验及其他特殊要求检验试验的费用和建设单位委托检测机构进行检测的费用，对此类检测发生的费用，由建设单位在工程建设其他费用中列支。但对施工企业提供的具有合格证明的材料进行检测不合格的，该检测费用由施工企业支付。

（9）工会经费：是指企业按《工会法》规定的全部职工工资总额比例计提的工会经费。

（10）职工教育经费：是指按职工工资总额的规定比例计提，企业为职工进行专业技术和职业技能培训、专业技术人员继续教育、职工职业技能鉴定、职业资格认定以及根据需要对职工进行各类文化教育所发生的费用。

（11）财产保险费：是指施工管理用财产、车辆等的保险费用。

（12）财务费：是指企业为施工生产筹集资金或提供预付款担保、履约担保、职工工资支付担保等所发生的各种费用。

（13）税金：是指企业按规定缴纳的房产税、车船使用税、土地使用税、印花税等。

（14）其他：包括技术转让费、技术开发费、投标费、业务招待费、绿化费、广告费、公证费、法律顾问费、审计费、咨询费、保险费等。

5.7.2 企业管理费费率

（1）以分部分项工程费为计算基础

$$企业管理费费率（\%）=\frac{生产工人年平均管理费}{年有效施工天数×人工单价}×人$$

工费占分部项工程费比例（\%）

（2）以人工费和机械费合计为计算基础

$$企业管理费费率（\%）=$$
$$\frac{生产工人年平均管理费}{年有效施工天数×（人工单价＋每一工日机械使用费）}×100\%$$

（3）以人工费为计算基础

$$企业管理费费率（\%）=\frac{生产工人年平均管理费}{年有效施工天数×人工单价}×100\%$$

注：上述公式适用于施工企业投标报价时自主确定管理费，是工程造价管理机构编制计价定额确定企业管理费的参考依据。

工程造价管理机构在确定计价定额中企业管理费时，应以定额人工费或（定额人工费＋定额机械费）作为计算基数，其费率根据历年工程造价积累的资料，辅以调查数据确定，列入分部分项工程和措施项目中。

5.8 利润组成与计算

5.8.1 利润内容

利润：是指施工企业完成所承包工程获得的盈利。

5.8.2 利润计算

（1）施工企业根据企业自身需求并结合建筑市场实际自主确定，列入报价中。

（2）工程造价管理机构在确定计价定额中利润时，应以定额人工费或（定额人工费＋定额机械费）作为计算基数，其费率根据历年工程造价积累的资料，并结合建筑市场实际确定，以单位（单项）工程测算，利润在税前建筑安装工程费的比重可按不低于5％且不高于7％的费率计算。利润应列入分部分项工程和措施项目中。

5.9 规费组成与计算

5.9.1 规费内容

规费：是指按国家法律、法规规定，由省级政府和省级有关部门规定必须缴纳或计取的费用。包括：

（1）社会保险费：包括养老、失业、医疗、生育、工伤保险费。

1）养老保险费：是指企业按照规定标准为职工缴纳的基本养老保险费。

2）失业保险费：是指企业按照规定标准为职工缴纳的失业保险费。

3）医疗保险费：是指企业按照规定标准为职工缴纳的基本医疗保险费。

4）生育保险费：是指企业按照规定标准为职工缴纳的生育保险费。

5）工伤保险费：是指企业按照规定标准为职工缴纳的工伤保险费。

（2）住房公积金：是指企业按规定标准为职工缴纳的住房公积金。

（3）工程排污费：是指按规定缴纳的施工现场工程排污费。

其他应列而未列入的规费，按实际发生计取。

5.9.2 规费计算

（1）社会保险费和住房公积金。社会保险费和住房公积金应以定额人工费为计算基础，根据工程所在地省、自治区、直辖市或行业建设主管部门规定费率计算。

社会保险费和住房公积金＝∑（工程定额人工费×社会保险费和住房公积金费率）

式中：社会保险费和住房公积金费率可以每万元发承包价的生产工人人工费和管理人员工资含量与工程所在地规定的缴纳标准综合分析取定。

（2）工程排污费。工程排污费等其他应列而未列入的规费应按工程所在地环境保护等部门规定的标准缴纳，按实计取列入。

5.10 税金组成与计算

5.10.1 税金内容

税金：是指国家税法规定的应计入建筑安装工程造价内的营业税、城市维护建设税、教育费附加以及地方教育附加。

5.10.2 税金计算

税金计算公式：税金＝税前造价×综合税率（%）

综合税率：

（1）纳税地点在市区的企业：

$$综合税率(\%)=\frac{1}{1-3\%-(3\%×7\%)-(3\%×3\%)-(3\%×2\%)}-1$$

（2）纳税地点在县城、镇的企业：

$$综合税率(\%)=\frac{1}{1-3\%-(3\%×5\%)-(3\%×3\%)-(3\%×2\%)}-1$$

（3）纳税地点不在市区、县城、镇的企业：

$$综合税率(\%)=\frac{1}{1-3\%-(3\%×1\%)-(3\%×3\%)-(3\%×2\%)}-1$$

（4）实行营业税改增值税的，按纳税地点现行税率计算。

5.11 建筑安装工程计价要旨

建筑安装工程费用计算应按照住房城乡建设部、财政部《建筑安装工程费用项目组成》（建标〔2013〕44号）执行，其调整的主要内容：

5.11.1 费用调整

（1）建筑安装工程费用项目按费用构成要素组成划分为人工费、材料费、施工机具使用费、企业管理费、利润、规费和税金。

（2）为指导工程造价专业人员计算建筑安装工程造价，将建筑安装工程费用按工程造价形成顺序划分为分部分项工程费、措施项目费、其他项目费、规费和税金。

（3）按照国家统计局《关于工资总额组成的规定》，合理调整了人工费构成及内容。

（4）依据国家发展改革委、财政部等9部委发布的《标准施工招标文件》的有关规定，将工程设备费列入材料费；原材料费中的检验试验费列入企业管理费。

（5）将仪器仪表使用费列入施工机具使用费；大型机械进出场及安拆费列入措施项目费。

（6）按照《社会保险法》的规定，将原企业管理费中劳动保险费中的职工死亡丧葬补助费、抚恤费列入规费中的养老保险费；在企业管理费中的财务费和其他中增加担保费用、投标费、保险费。

（7）按照《社会保险法》、《建筑法》的规定，取消原规费中危险作业意外伤害保险费，增加工伤保险费、生育保险费。

（8）按照财政部的有关规定，在税金中增加地方教育附加。

5.11.2 相关问题的处理

（1）各专业工程计价定额的编制及其计价程序（表5-1、表

5-2），均按要求实施。

（2）各专业工程计价定额的使用周期原则上为 5 年。

（3）工程造价管理机构在定额使用周期内，应及时发布人工、材料、机械台班价格信息，实行工程造价动态管理，如遇国家法律、法规、规章或相关政策变化以及建筑市场物价波动较大时，应适时调整定额人工费、定额机械费以及定额基价或规费费率，使建筑安装工程费能反映建筑市场实际。

（4）建设单位在编制招标控制价时，应按照各专业工程的计量规范和计价定额以及工程造价信息编制。

（5）施工企业在使用计价定额时除不可竞争费用外，其余仅作参考，由施工企业投标时自主报价。

施工企业工程投标报价计价程序   表 5-1

工程名称：   标段：

序号	内　容	计算方法	金　额(元)
1	分部分项工程费	自主报价	
1.1			
1.2			
1.3			
1.4			
1.5			
2	措施项目费	自主报价	
2.1	其中:安全文明施工费	按规定标准计算	
3	其他项目费		
3.1	其中:暂列金额	按招标文件提供金额计列	
3.2	其中:专业工程暂估价	按招标文件提供金额计列	
3.3	其中:计日工	自主报价	
3.4	其中:总承包服务费	自主报价	
4	规费	按规定标准计算	
5	税金(扣除不列入计税范围的工程设备金额)	(1+2+3+4)×规定税率	

投标报价合计＝1＋2＋3＋4＋5

竣工结算计价程序

表 5-2

工程名称：　　　　　　　　　　　　　　　　　　　标段：

序号	汇总内容	计算方法	金额(元)
1	分部分项工程费	按合同约定计算	
1.1			
1.2			
1.3			
1.4			
1.5			
2	措施项目	按合同约定计算	
2.1	其中:安全文明施工费	按规定标准计算	
3	其他项目		
3.1	其中:专业工程结算价	按合同约定计算	
3.2	其中:计日工	按计日工签证计算	
3.3	其中:总承包服务费	按合同约定计算	
3.4	索赔与现场签证	按发承包双方确认数额计算	
4	规费	按规定标准计算	
5	税金(扣除不列入计税范围的工程设备金额)	(1+2+3+4)×规定税率	
竣工结算总价合计＝1+2+3+4+5			

6 工程量清单计量和计价及费用构成

6.1 工程量清单与计价基本知识

工程量清单编制规定了工程量清单编制人、工程量清单组成和分部分项工程量清单、措施项目清单、其他项目清单的编制等。

6.1.1 编制一般规定

（1）工程量清单是招标投标活动中，对招标人和投标人都具有约束力的重要文件，是招标投标活动的依据，专业性强，内容复杂，对编制人的业务和技术水平要求高，能否编制出完整、严谨的工程量清单，直接影响招标的质量，也是招标成败的关键。因此，规定了工程量清单应由具有编制招标文件能力的招标人或具有相应资质的中介机构进行编制。"相应资质的中介机构"是指具有工程造价咨询机构资质并按照规定的业务范围承担工程造价咨询业务的中介机构等。

（2）《招标投标法》规定，招标文件应当包括招标项目的技术要求和投标报价要求。工程量清单体现了招标人要求投标人完成的工程项目及相应工程数量，全面反映了投标报价要求，是投标人进行报价的依据，工程量清单应是招标文件不可分割的一部分。

（3）工程量清单应反映拟建工程的全部工程内容及为实现这些工程内容而进行的其他工作。借鉴国外实行工程量清单计价的做法，结合我国当前的实际情况，我国的工程量清单由分部分项工程量清单、措施项目清单和其他项目清单组成。分部分项工程量清单应表明拟建工程的全部分项实体工程名称和相应数量，编制时应避免错项、漏项；措施项目清单表明了为完成分项实体工程而必须采取的一些措施性工作，编制时力求全面；其他项目清单主要体现了招标人提出的一些与拟建工程有关的特殊要求，这些特殊要求所需的费用金额计入报价中。

6.1.2 分部分项工程量清单

（1）分部分项工程量清单包括的内容，应满足两方面的要求，其一要求满足规范管理、方便管理的要求；二要满足计价的要求。为了满足上述要求，《建设工程工程量清单计价规范》GB 50500—2013提出了分部分项工程量清单的四个统一，即项目编码统一、项目名称统一、计量单位统一、工程量计算规则统一。招标人必须按规定执行，不得因情况不同而变动。

（2）分部分项工程量清单编码以12位阿拉伯数字表示，前9位为全国统一编码，编制分部分项工程量清单时应按各册工程量计算规范附录中的相应编码设置，不得变动，后3位是清单项目名称编码，由清单编制人根据设置的清单项目编制。

（3）分部分项工程量清单项目名称的设置应考虑三个因素，一是附录中的项目名称；二是附录中的项目特征；三是拟建工程的实际情况。工程量清单编制时，以附录中的项目名称为主体，考虑该项目的规格、型号、材质等特征要求，结合拟建工程的实际情况，使其工程量清单项目名称具体化、细化，能够反映影响工程造价的主要因素。

（4）随着科学技术的发展，新材料、新技术、新的施工工艺将伴随出现，因此GB 50500—2013规定，凡附录中的缺项，工程量清单编制时，编制人可作补充。补充项目应填写在工程量清单相应分部工程项目之后，并在"项目编码"栏中以"补"字示之。

（5）现行"预算定额"，其项目一般是按施工工序进行设置的，包括的工程内容一般是单一的，据此规定了相应的工程量计算规则。工程量清单项目的划分，一般是以一个"综合实体"考虑的，一般包括多项工程内容，据此规定了相应的工程量计算规则。两者的工程量计算规则是有区别的。

6.1.3 措施项目清单

（1）措施项目清单的编制应考虑多种因素，除工程本身的因素外，还涉及水文、气象、环境、安全等和施工企业的实际情况。为此 GB 50500—2013 提供"措施项目一览表"，作为列项的参考。表中"通用项目"所列内容是指各专业工程的"措施项目清单"中均可列的措施项目。表中各专业工程中所列的内容，是指相应专业的"措施项目清单"中可列的措施项目。措施项目清单以"项"为计量单位，相应数量为"1"。

（2）影响措施项目设置的因素太多，"措施项目一览表"中不能一一列出，因情况不同，出现表中未列的措施项目，工程量清单编制人可作补充。补充项目应列在清单项目最后，并在"序号"栏中以"补"字示之。

6.1.4 其他项目清单

（1）工程建设标准的高低、工程的复杂程度、工程的工期长短、工程的组成内容等直接影响其他项目清单中的具体内容，GB 50500—2013 提供了两部分四项作为列项的参考。其不足部分，清单编制人可作补充，补充项目应列在清单项目最后，并在"序号"栏中以"补"字示之。

预留金主要考虑可能发生的工程量变更而预留的金额，此处提出的工程量变更主要指工程量清单漏项、有误引起工程量的增加和施工中的设计变更引起标准提高或工程量的增加等。

总承包服务费包括配合协调招标人工程分包和材料采购所需的费用，此处提出的工程分包是指国家允许分包的工程。

（2）为了准确的计价，零星工程项目表应详细列出人工、材料、机械名称和相应数量。人工应按工种列项，材料和机械应按规格、型号列项。

6.1.5 工程量清单计价

工程量清单计价规定了工程量清单计价的工作范围、工程量清单计价价款构成、工程量清单计价单价和标底、报价的编制、工程量调整及其相应单价的确定等。

（1）既规定了工程量清单计价活动的工作内容，同时又强调了工程量清单计价活动应遵循规范的规定。招标投标实行工程量清单计价，是指招标人公开提供工程量清单，投标人自主报价或招标人编制标底及双方签订合同价款、工程竣工结算等活动。从近些年的招标投标计价活动情况看，压级压价、合同价款签订不规范、工程结算久拖不结等现象比较普遍，也比较严重，有损于招标投标活动中的公开、公平、公正和诚实信用的原则。招标投标实行工程量清单计价，是一种新的计价模式，为了合理确定工程造价，避免旧事重演，GB 50500—2013 从工程量清单的编制、计价至工程量调整等各个主要环节都做了详细规定，工程量清单计价活动中应严格遵守。

（2）为了避免或减少经济纠纷，合理确定工程造价，GB 50500—2013 规定，工程量清单计价价款，应包括完成招标文件规定的工程量清单项目所需的全部费用。其内涵：①包括分部分项工程费、措施项目费、其他项目费和规费、税金；②包括完成每分项工程所含全部工程内容的费用；③包括完成每项工程内容所需的全部费用（规费、税金除外）；④工程量清单项目中没有体现的，施工中又必须发生的工程内容所需的费用；⑤考虑风险因素而增加的费用。

（3）为了简化计价程序，实现与国际接轨，工程量清单计价采用综合单价计价，综合单价计价是有别于现行定额工料单价计价的另一种单价计价方式，应包括完成规定计量单位的合格产品所需的全部费用。考虑我国的现实情况，综合单价包括除规费、税金以外的全部费用。综合单价不但适用于分项工程量清单，也适用于措施项目清单、其他项目清单等。各省、直辖市、自治区工程造价管理机构，应制定具体办法，统一综合单价的计算和编制。

（4）由于受各种因素的影响，同一个分项工程可能设计不同，由此所含工程内容会发生差异。GB 50500—2013 附录中"工程内容"栏所列的工程内容没有区别不同设计而逐一列出，就某一个具体工程项目而言，确定综合单价时，附录中的工程内容仅供参考。

分部分项工程量清单的综合单价，不得包括招标人自行采购材料的价款。

（5）措施项目清单中所列的措施项目均以"一项"提出，所以计价时，首先应详细分析其所含工程内容，然后确定其综合单价。措施项目不同，其综合单价组成内容可能有差异，因此 GB 50500—2013 强调，在确定措施项目综合单价时，规范规定的综合单价组成仅供参考。招标人提出的措施项目清单是根据一般情况确定的，没有考虑不同投标人的"个性"，因此投标人在报价时，可以根据本企业的实际情况增加措施项目内容报价。

（6）其他项目清单中的预留金、材料购置费和零星工作项目费，均为估算、预测数量，虽在投标时计入投标人的报价中，不应视为投标人所有。竣工结算时，应按承包人实际完成的工作内容结算，剩余部分仍归招标人所有。

（7）《招标投标法》规定，招标工程设有标底的，评标时应参考标底，标底的参考作用，决定了标底的编制要有一定的强制性。这种强制性主要体现在标底的编制应按建设行政主管部门制定的有关工程造价计价办法进行，标底的编制除应遵照规范规定外，还应符合《建筑工程施工发包与承包计价管理办法》第六条的要求。

（8）工程造价应在政府宏观调控下，由市场竞争形成。在这一原则指导下，投标人的报价应在满足招标文件要求的前提下实行人工、材料、机械消耗量自定，价格费用自选、全面竞争、自主报价的方式。

（9）为了合理减少工程承包人的风险，并遵照谁引起的风险谁承担责任的原则，GB 50500—2013 对工程量的变更及其综合单价的确定作了规定。执行中应注意：①不论由于工程量清单有误或漏项，还是由于设计变更引起的新的工程量清单项目或清单项目工程数量的增减，均应按实调整；②工程量变更后综合单价的确定应按规范的规定执行；③本条仅适用于分部分项工程量清单。

（10）合同履行过程中，引起索赔的原因很多，GB 50500—2013 强调了"由于工程量的变更，……承包人可提出索赔要求"，但不否认其他原因发生的索赔或工程发包人可能提出的索赔。规定以外的费用损失主要指"措施项目费"或其他有关费用的损失。

6.1.6 工程量清单及其计价格式

工程量清单及其计价格式规定了工程量清单及其计价的统一格式和填写方法。

工程量清单统一格式中的零星工作项目表是其他项目清单的附表，是为其他项目清单计价服务的。随工程量清单发至投标人的还应包括主要材料价格表，招标人提供的主要材料价格表应包括详细的材料编码、材料名称、规格型号和计量单位，主要材料价格表主要供评标用。

6.2 房屋建筑与装饰工程工程量计算

《房屋建筑与装饰工程工程量计算规范》为国家标准，编号为 GB 50854—2013，自 2013 年 7 月 1 日起实施。其中，第 1.0.3、4.2.1、4.2.2、4.2.3、4.2.4、4.2.5、4.2.6、4.3.1 条（款）为强制性条文，必须严格执行。其计算包括：土（石）方工程工程量计算；地基处理与边坡支护工程量计算；桩基工程工程量计算；砌筑工程工程量计算；混凝土及钢筋混凝土工程工程量计算；金属结构工程工程量计算；木结构工程工程量计算；门窗工程工程量计算；屋面及防水工程工程量计算；保温、隔热、防腐工程工程量计算；楼地面装饰工程工程量计算；墙、柱面装饰与隔断、幕墙工程工程量计算；天棚工程工程量计算；油漆、涂料、裱糊工程工程量计算；其他装饰工程工程量计算；拆除工程工程量计算；措施项目的脚手架工程、混凝土模板及支架（撑）、垂直运输、超高施工增加、大型机械设备进出场及安拆、施工排水（降水）、安全文明施工及其他措施项目等工程量计算，计算规则详见规范。

6.2.1 工程计量

工程量计算指建设工程项目以工程设计图纸、施工组织设计或施工方案及有关技术经济文件为依据，按照相关工程国家标准的计算规则、计量单位等规定，进行工程数量的计算活动，在工程建设中简称工程计量。工程量计算除依据规范各项规定外，尚应依据以下文件：（1）经审定通过的施工设计图纸及其说明。（2）经审定通过的施工组织设计或施工方案。（3）经审定通过的其他有关技术经济文件。工程实施过程中的计量应按照现行国家标准《建设工程工程量清单计价规范》GB 50500—2013 的相关规定执行。

6.2.2 计量单位

有两个或两个以上计量单位的，应结合拟建工程项目的实际情况，确定其中一个为计量单位。同一工程项目的计量单位应一致。工程计量时每一项目汇总的有效位数应遵守下列规定：①以"t"为单位，应保留小数点后三位数字，第四位小数四舍五入。②以"m"、"m²"、"m³"、"kg"为单位，应保留小数点后两位数字，第三位小数四舍五入。③以"个"、"件"、"根"、"组"、"系统"为单位，应取整数。

6.2.3 相关项目

房屋建筑与装饰工程涉及电气、给水排水、消防等安装工程的项目，按照现行国家标准《通用安装工程工程量计算规范》GB 50856—2013 的相应项目执行；涉及仿古建筑工程的项目，按现行国家标准《仿古建筑工程工程量计算规范》GB 50855—2013 的相应项目执行；涉及室外地（路）面、室外给水排水等工程的项目，按现行国家标准《市政工程工程量计算规范》GB 50857—2013 的相应项目执行；采用爆破法施工的石方工程按照现行国家标准《爆破工程工程量计算规范》GB 50862—2013 的相应项目执行。

6.2.4 工程量清单编制

1. 编制依据

编制工程量清单依据：①相关规范和现行国家标准《建设工程工程量清单计价规范》GB 50500—2013。②国家或省级、行业建设主管部门颁发的计价依据和办法。③建设工程设计文件。④与建设工程项目有关的标准、规范、技术资料。⑤拟定的招标文件。⑥施工现场情况、工程特点及常规施工方案。⑦其他相关资料。

2. 其他项目清单

其他项目、规费和税金项目清单应按照现行国家标准《建设工程工程量清单计价规范》GB 50500—2013 的相关规定编制。编制工程量清单出现附录中未包括的项目，编制人应做补充，并报省级或行业工程造价管理机构备案。补充项目的编码由 GB 50500—2013 的代码 01 和 B 和三位阿拉伯数字组成，并应从 01B001 起顺序编制，同一招标工程的项目不得重码。补充的工程量清单需附有补充项目的名称、项目特征、计量单位、工程量计算规则、工作内容。不能计量的措施项目，需附有补充项目的名称、工作内容及包含范围。

3. 分部分项工程

工程量清单应根据规定的项目编码、项目名称、项目特征、计量单位和工程量计算规则进行编制。工程量清单的项目编码，应采用十二位阿拉伯数字表示，一至九位应按附录的规定设置，十至十二位应根据拟建工程的工程量清单项目名称和项目特征设置，同一招标工程的项目编码不得有重码。工程量清单的项目名称应按规定的项目名称结合拟建工程的实际确定。工程量清单项目特征应按 GB 50500—2013 附录中规定的项目特征，结合拟建工程项目的实际予以描述。工程量清单中所列工程量应按规定的工程量计算规则计算。工程量清单的计量单位应按 GB 50500—2013 附录中规定的计量单位确定。

GB 50500—2013 现浇混凝土工程项目在"工程内容"中包括模板工程的内容，同时又在措施项目中单列了现浇混凝土模板工程项目。对此，招标人根据工程实际情况选用。若招标人在措施项目清单中未编列现浇混凝土模板项目清单，即表示现浇混凝土模板项目不单列，现浇混凝土工程项目的综合单价中应包括模板工程费用。规范对预制混凝土构件按现场制作编制项目，"工作内容"中包括模板工程，不再另列。若采用成品预制混凝土构件时，构件成品价（包括模板、钢筋、混凝土等所有费用）应计入综合单价中。

金属结构构件按成品编制项目，构件成品价应计入综合单价中，若采用现场制作，包括制作的所有费用。门窗（橱窗除外）按成品编制项目，门窗成品价应计入综合单价中。若采用现场制作，包括制作的所有费用。

4. 措施项目

措施项目中列出了项目编码、项目名称、项目特征、计量单位、工程量计算规则的项目，编制工程量清单时，应按照 GB 50500—2013 分部分项工程的规定执行。措施项目中仅列出了项目编码、项目名称、未列出项目特征、计量单位和工程量计算规则的项目，编制工程量清单时，应按 GB 50854—2013 附录 S 措施项目规定的项目编码、项目名称确定。

6.2.5 施工阶段工程计量

1. 一般要求

工程量必须按照相关工程现行国家计量规范规定的工程量计算规则计算。工程计量可选择按月或按工程形象进度分段计量，具体计量周期应在合同中约定。因承包人原因造成的超出合同工程范围施工或返工的工程量，发包人不予计量。成本加酬金合同应按 GB 50854—2013 规定计量。

2. 单价合同的计量

工程量必须以承包人完成合同工程应予计量的工程量确定。施工中进行工程计量，当发现招标工程量清单中出现缺项、工程量偏差，或因工程变更引起工程量增减时，应按承包人在履行合同义务中完成的工程量计算。

承包人应当按照合同约定的计量周期和时间向发包人提交当期已完工程量报告。发包人应在收到报告后 7 天内核实，并将核实计量结果通知承包人。发包人未在约定时间内进行核实的，承包人提交的计量报告中所列的工程量应视为承包人实际完成的工程量。当承包人认为发包人核实后的计量结果有误时，应在收到计量结果通知后的 7 天内向发包人提出书面意见，并应附上其认为正确的计量结果和详细的计算资料。发包人收到书面意见后，应在 7 天内对承包人的计量结果进行复核后通知承包人。承包人对复核计量结果仍有异议的，按照合同约定的争议解决办法处理。

承包人完成已标价工程量清单中每个项目的工程量并经发包人核实无误后，发承包双方应对每个项目的历次计量报表进行汇总，以核实最终结算工程量，并应在汇总表上签字确认。

3. 总价合同的计量

采用工程量清单方式招标形成的总价合同，其工程量应按照 GB 50854—2013 的规定计算。

采用经审定批准的施工图纸及其预算方式发包形成的总价合同，除按照工程变更规定的工程量增减外，总价合同各项目的工程量应为承包人用于结算的最终工程量。总价合同约定的项目计量应以合同工程经审定批准的施工图纸为依据，发承包双方应在合同中约定工程计量的形象目标或时间节点进行计量。承包人应在合同约定的每个计量周期内对已完成的工程进行计量，并向发包人提交达到工程形象目标完成的工程量和有关计量资料的报告。

6.3 建筑安装工程费计算

按造价形成划分工程造价，建筑安装工程费按照工程造价形成由分部分项工程费、措施项目费、其他项目费、规费、税金组成，分部分项工程费、措施项目费、其他项目费包含人工费、材料费、施工机具使用费、企业管理费和利润（图 6-1）。

6.3.1 分部分项工程费

分部分项工程费：是指各专业工程的分部分项工程应予列支的各项费用。

（1）专业工程：是指按现行国家计量规范划分的房屋建筑与装饰工程、仿古建筑工程、通用安装工程、市政工程、园林绿化工程、矿山工程、构筑物工程、城市轨道交通工程、爆破工程等各类工程。

（2）分部分项工程：指按现行国家计量规范对各专业工程划分的项目。如房屋建筑与装饰工程划分的土石方工程、地基处理与桩基工程、砌筑工程、钢筋及钢筋混凝土工程等。

各类专业工程的分部分项工程划分见现行国家或行业计量规范。

6.3.2　措施项目费

措施项目费：是指为完成建设工程施工，发生于该工程施工前和施工过程中的技术、生活、安全、环境保护等方面的费用。内容包括：

（1）安全文明施工费：

①环境保护费：是指施工现场为达到环保部门要求所需要的各项费用。

②文明施工费：是指施工现场文明施工所需要的各项费用。

③安全施工费：是指施工现场安全施工所需要的各项费用。

④临时设施费：是指施工企业为进行建设工程施工所必须搭设的生活和生产用的临时建筑物、构筑物和其他临时设施费用。包括临时设施的搭设、维修、拆除、清理费或摊销费等。

（2）夜间施工增加费：是指因夜间施工所发生的夜班补助费、夜间施工降效、夜间施工照明设备摊销及照明用电等费用。

（3）二次搬运费：是指因施工场地条件限制而发生的材料、构配件、半成品等一次运输不能到达堆放地点，必须进行二次或多次搬运所发生的费用。

（4）冬期、雨期施工增加费：是指在冬期或雨期施工需增加的临时设施、防滑、排除雨雪，人工及施工机械效率降低等费用。

（5）已完工程及设备保护费：是指竣工验收前，对已完工程及设备采取的必要保护措施所发生的费用。

（6）工程定位复测费：是指工程施工过程中进行全部施工测量放线和复测工作的费用。

（7）特殊地区施工增加费：是指工程在沙漠或其边缘地区、

高海拔、高寒、原始森林等特殊地区施工增加的费用。

（8）大型机械设备进出场及安拆费：是指机械整体或分体自停放场地运至施工现场或由一个施工地点运至另一个施工地点，所发生的机械进出场运输及转移费用及机械在施工现场进行安装、拆卸所需的人工费、材料费、机械费、试运转费和安装所需的辅助设施的费用。

（9）脚手架工程费：是指施工需要的各种脚手架搭、拆、运输费用以及脚手架购置费的摊销（或租赁）费用。

措施项目及其包含的内容详见各类专业工程的现行国家或行业计量规范。

6.3.3 其他项目费

（1）暂列金额：是指建设单位在工程量清单中暂定并包括在工程合同价款中的一笔款项。用于施工合同签订时尚未确定或者不可预见的所需材料、工程设备、服务的采购，施工中可能发生的工程变更、合同约定调整因素出现时的工程价款调整以及发生的索赔、现场签证确认等的费用。

（2）计日工：是指在施工过程中，施工企业完成建设单位提出的施工图纸以外的零星项目或工作所需的费用。

（3）总承包服务费：是指总承包人为配合、协调建设单位进行的专业工程发包，对建设单位自行采购的材料、工程设备等进行保管以及施工现场管理、竣工资料汇总整理等服务所需的费用。

6.3.4 规费

是指按国家法律、法规规定，由省级政府和省级有关权力部门规定必须缴纳或计取的费用。包括：社会（养老、失业、医疗、生育、工伤）保险费、住房公积金、工程排污费。其他应列而未列入的规费，按实际发生计取。

6.3.5 税金

是指国家税法规定的应计入建筑安装工程造价内的营业税、城市维护建设税、教育费附加以及地方教育附加。

建筑安装工程费用项目组成见图 6-1。

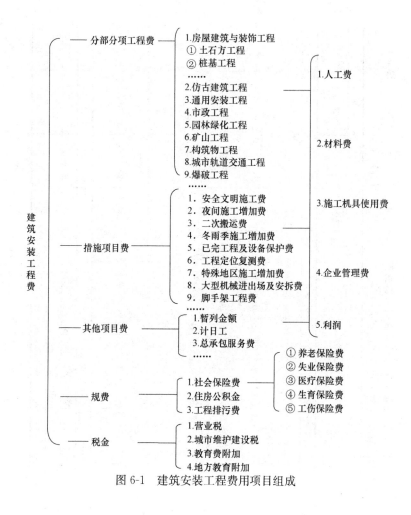

图 6-1 建筑安装工程费用项目组成

6.4 分部分项工程费计算

分部分项工程费＝Σ（分部分项工程量×综合单价）

式中：综合单价包括人工费、材料费、施工机具使用费、企业管理费和利润以及一定范围的风险费用。现以××生活垃圾转运站工程分部分项工程量清单与计价为例说明，详见表 6-1～表 6-4；工程量清单综合单价分析详见表 6-5～表 6-7）。

分部分项工程量清单与计价表（主体站房—基坑围护）

工程名称：××生活垃圾转运站工程\主体站房—基坑围护　　　　　　　标段：C01　　　　　　　　　　表 6-1

序号	项目编码	项目名称	项目特征描述	计量单位	工程量	金额（元）			
						综合单价	合价	其中：暂估价	
		基坑围护							
1	010201009001	水泥搅拌桩	1. 地层情况：冲层土（具体按地质勘察报告定）； 2. 空桩长度，桩长：空桩长 1.0m，桩长 15m； 3. 桩截面尺寸：桩径：ϕ850 三轴，搭接 200mm； 4. 水泥强度等级，掺量：42.5 级普通硅酸盐水泥，水泥掺量 20%； 5. 施工工艺：两喷两搅	m	1140	249.99	284988.60		
2	010202005001	捆拔型钢	钢材品种，规格：Q235B，H700×300×13×24 型钢，长度为 15m；说明：技术要求详见施工总说明	t	204.7	2310.00	472857.00		
3	……	……	……						
		分部小计					941375.14		
		本页小计					941375.14		
		合　计					941375.14		

分部分项工程量清单与计价表（主体站房—土建）

工程名称：××生活垃圾转运站工程\主体站房—土建　　　标段：C01　　　　　　　　　　　　　　　　　　　　　　　表6-2

序号	项目编码	项目名称	项目特征描述	计量单位	工程量	综合单价	金额（元）合价	其中：暂估价
			土（石）方工程					
1	010101001001	平整场地	1. 土壤类别：Ⅰ、Ⅱ类土； 2. 弃土运距：施工现场范围内依据现场条件综合考虑； 3. 取土运距：施工现场范围内依据现场条件综合考虑； 4. 挖填土深度：30cm以内	m²	1647	2.17	3573.99	
2	010101003001	挖沟槽土方	1. 土壤类别：Ⅰ、Ⅱ类土； 2. 挖土深度：2.5m内	m³	195.02	35.20	6864.70	
3	……	……	……					
			分部小计				45259.12	
			本页小计				45259.12	
			桩与地基基础工程					
4	010301002001	预应力混凝土管桩	1. 地层情况：冲层土（具体按地质勘察报告定）； 2. 送桩深度，桩长：送桩深度2.5m,桩长24m； 3. 桩外径、壁厚：PHC400B,壁厚95mm； 4. 桩倾斜度：垂直； 5. 混凝土强度等级：C80； 6. 填充材料种类：桩芯C40商品混凝土填充； 7. 防护材料种类：桩端涂防护油剂	m	2064.00	198.82	410361.90	

111

续表

序号	项目编码	项目名称	项目特征描述	计量单位	工程量	金额(元) 综合单价	合价	其中:暂估价
5	……	……	……	……	……	……		
			砌筑工程					
			分部小计				813079.26	
6	010401001001	砖基础	1. 砖品种、规格、强度等级:MU15 水泥砖; 2. 基础类型:条基; 3. 砂浆强度等级:Mb10 水泥砂浆(干粉砂浆); 4. 防潮层材料种类:±0.000 下 60 处做 30 厚 1:2 水泥砂浆内加 5% 防水剂的水平防潮层	m³	80.61	476.38	38400.99	
8	……	……	混凝土及钢筋混凝土工程					
			分部小计				252688.45	
9	010503001001	矩形柱	1. 混凝土类别:泵送商品混凝土 5—25 石子; 2. 混凝土强度等级:C35 坍落度 12cm±1(不含泵送费)	m³	57.3	542.73	31098.43	
11	010515001001	现浇构件钢筋	1. 钢筋种类:HPB300,HPB335级; 2. 钢筋规格:综合考虑,国产优质	t	129.192	5397.12	697264.73	
12	……	……			……	……		

序号	项目编码	项目名称	项目特征描述	计量单位	工程量	综合单价	金额（元）合价	其中：暂估价
			分部小计				1644809.46	
			屋面及防水工程					
13	011101006001	屋面找坡层	找坡层厚度，砂浆配合比：1：8加气混凝土找坡 2%，最薄处 30 厚	m²	1624.55	34.73	56420.62	
18	……	……	……					
			分部小计				989446.15	
			合计				3745282.44	

分部分项工程量清单与计价表（元体站房—装饰）

表 6-3

工程名称：××生活垃圾转运站工程\主体站房—装饰 标段：C01

序号	项目编码	项目名称	项目特征描述	计量单位	工程量	综合单价	金额（元）合价	其中：暂估价
			楼地面工程					
1	011101005001	自流坪楼地面	1. 垫层材料种类，厚度：220 厚 C30 混凝土随浇随抹光（商品混凝土），内配 φ12 @200 钢筋网； 2. 找平层厚度，砂浆配合比：20 厚，1：1水泥砂浆（干粉商品）； 3. 面层材料种类，厚度：环氧底料一道，4 厚环氧砂浆自流平面层	m²	851.230	255.88	217812.73	

序号	项目编码	项目名称	项目特征描述	计量单位	工程量	金额（元）		其中：暂估价
						综合单价	合价	
2	……	……	……				961135.89	
			分部、柱面工程 小计					
			墙、柱面工程					
3	011201001001	墙面一般抹灰	1. 墙体类型：加气混凝土砌块或钢混凝土； 2. 墙基层处理：刷界面剂一道； 3. 底层厚度（干粉商品砂浆配合比：12厚 1:2 水泥砂浆）打底刮糙； 4. 面层厚度（干粉商品砂浆配合比：8厚 1:2.5 水泥砂浆）粉面； 5. 不同材质交接处理：钉300宽镀锌钢丝网	m²	6184.110	38.61	238768.49	
4	011407001001	白色乳胶漆墙面	1. 基层类：抹灰层； 2. 腻子种类：建筑腻子； 3. 刮腻子遍数：满批； 4. 油漆品种、刷遍数：浅灰色乳胶漆二度	m²	5884.110	37.32	219594.98	
5	……	……	……					
			本页工程 小计				897140.90	
			天棚工程					
6	011407002001	天棚喷刷涂料	1. 基层类：抹灰层； 2. 腻子种类：建筑腻子； 3. 刮腻子遍数：满批； 4. 油漆品种、刷遍数：浅灰色乳胶漆二度	m²	2188.07	38.05	83256.06	

序号	项目编码	项目名称	项目特征描述	计量单位	工程量	金额（元）		其中：暂估价
						综合单价	合价	
7	……	……	分部小计				19909.57	
			门窗工程					
8	010802001001	铝合金平开门	1. 门代号及洞口尺寸：3600×1800； 2. 门框、扇材质：断桥隔热60系列铝合金； 3. 玻璃品种、厚度：平板玻璃5+9A+5厚	m²	98.00	785.76	77004.48	
8	010807001001	铝合金推拉窗	1. 窗代号及洞口尺寸：1800×1500； 2. 窗框、扇材质：断桥隔热60系列铝合金； 3. 玻璃品种、厚度：平板玻璃5+9A+5厚	m²	228.00	688.98	157762.64	
10	……	……	分部小计				245588.66	
			其他工程					
11	011503001001	防护栏杆（成品）	扶手、栏杆、栏板材料种类、规格、品种、成品不锈钢栏杆 做法：详见建施UC01A-03，成品不锈钢栏杆	m	23.880	525.20	12541.78	
12	011210005001	卫生间成品隔断	1. 隔板材料品种、规格、品牌、颜色：18厚防火板； 2. 配件品种、规格：连接件及门销采用配套不锈钢	m²	25.80	325.94	8409.25	

序号	项目编码	项目名称	项目特征描述	计量单位	工程量	综合单价	金额（元）合价	其中：暂估价
13	……	……	分部小计				74677.61	
			合计				2198752.63	

分部分项工程量清单与计价表（主体站房—安装）

表 6-4

工程名称：××生活垃圾转运站工程\主体站房—安装　　　　　标段：C01

序号	项目编码	项目名称	项目特征描述	计量单位	工程量	综合单价	金额（元）合价	其中：暂估价
			电气系统					
1	030404017001	配电箱	1. 名称：中转站照明配电箱 1AL1； 2. 型号：PZ30； 3. 规格：372（W）×482（H）×105（D）14.2kW，18 回路； 4. 安装方式：嵌墙暗装，离地 1.5m	台	1.000	655.95	655.95	
2	030412004001	配线	1. 名称：绝缘导线； 2. 配线形式：穿管敷设； 3. 型号：BV-2.5	m	55140.00	2.56	131584.00	
3	……	……	……					

序号	项目编码	项目名称	项目特征描述	计量单位	工程量	金 额（元）		其中：暂估价
						综合单价	合价	
			分部小计				18083584.84	
		给水排水系统						
4	031001006001	塑料管	1. 安装部位：室内； 2. 介质：给水； 3. 材质、规格：PP-R 管 S5 系列 De50； 4. 连接形式：热熔连接； 5. 压力试验：水压试验，试验压力为工作压力的 1.5 倍（但不得小于 0.6MPa）	m	300.000	23.13	6939.00	
5	……	……	……					
		消防系统	分部小计				2733643.0	
6	030901002001	消火栓钢管	1. 安装部位：室内； 2. 材质、规格：热镀锌钢管 DN100； 3. 连接形式：螺纹； 4. 钢管镀锌设计要求：内外壁热镀锌； 5. 压力试验及冲洗设计要求：水压试验，试验压力为工作压力的 1.5 倍（但不得小于 1.40MPa）	m	690.000	54.89	37874.10	

序号	项目编码	项目名称	项目特征描述	计量单位	工程量	综合单价	合价	其中:暂估价
							金额(元)	
7	030901010001	室内消火栓	1. 安装方式:嵌墙安装; 3. 型号、规格:DN65 外形尺寸 700mm×1800mm×240mm; 4. 附件材质规格:内设口径为 DN65 消火栓一个,长度为 25m 衬胶水龙带一根,口径为 φ19mm 水枪一支,消火栓泵启动按钮一个、灭火器两个	套	160	1580	252800.00	
8	……	……	分部小计 ……					
			火灾报警系统				4573563.00	
9	030904001001	点型探测器	1. 名称:点型感烟火灾探测器; 2. 线制:总线制; 3. 类型:编码型	个	554	95.76	53051.04	
10	030905001001	自动报警装置系统调试	1. 点数:1000 点 2. 线制:总线制	系统	1	52410.91	13296.26	
11	……	……	分部小计 ……				2418665.00	
合　计							27809455.84	

工程量清单综合单价分析表（地下室底板 C35P6）

表 6-5

工程名称：××生活垃圾转运站工程\主体站房—安装　　　　　标段：C01

项目编码	010401003001		项目名称		地下室底板 C35P6				计量单位		m³	
清单综合单价组成明细												
定额号	定额名称	定额单位	数量	单价				合价				
				人工费	材料费	机械费	管理费和利润	人工费	材料费	机械费	管理费和利润	
4-8-4换	现浇泵送混凝土地下室底板（现浇泵送混凝土（5-20）C35）	m³	1.000	23.10	403.35	0.84	21.36	23.10	403.35	0.84	21.36	
4-14-5	输送泵车	m³	1.000		0.20	22.89	1.15		0.20	22.89	1.15	
人工单价	小计							23.10	403.55	23.73	22.51	
103.79元/工日	未计价材料费											
清单项目综合单价										472.90		

材料费明细	主要材料名称、规格、型号	单位	数量	单价（元）	合价（元）	暂估单价（元）	暂估合价（元）
	其他材料费			—	403.55	—	—
	材料费小计			—	403.55	—	—

注：1. 如不使用省级或行业建设主管部门发布的计价依据，可不填定额项目、编号等。

2. 招标文件提供了暂估价的材料，按暂估单价填入表内"暂估单价"栏及"暂估合价"栏。

工程量清单综合单价分析表（环氧砂浆自流平地面）

表 6-6

工程名称：××生活垃圾转运站工程\主体站房一装饰　　　　　　　　　　标段：C01

项目编码	y113020001001		项目名称		环氧砂浆自流平地面			计量单位		m²	
清单综合单价组成明细											
定额编号	定额名称	定额单位	数量	单价				合价			
				人工费	材料费	机械费	管理费和利润	人工费	材料费	机械费	管理费和利润
7-3-20换	现浇泵送砼细石混凝土面层220mm厚（现浇泵送混凝土(5-20)C20）	m²	1.000	24.47	85.41	0.40	5.51	24.47	85.41	0.40	5.51
市价	4mm厚环氧自流平	m²	1.000		100.00		5.00		100.00		5.00
人工单价	小计							24.47	185.41	0.40	10.51
115.23元/工日	未计价材料费										
清单项目综合单价									220.80		
材料费明细	主要材料名称、规格、型号			单位	数量	单价（元）	合价（元）	暂估单价（元）	暂估合价（元）		
	其他材料费					—	185.41	—			
	材料费小计					—	185.41	—			

注：1. 如不使用省级或行业建设主管部门发布的计价依据，可不填定额项目、编号等。
　　2. 招标文件提供了暂估单价的材料，按暂估单价填入表内"暂估单价"栏及"暂估合价"栏。

120

工程名称：××生活垃圾转运站工程\主体站房一装饰

表6-7

工程量清单综合单价分析表（配电箱）

标段：C01

项目编码	030404017001	项目名称	配电箱	计量单位	台

清单综合单价组成明细

定额编号	定额名称	定额单位	数量	单价				合价			
				人工费	材料费	机械费	管理费和利润	人工费	材料费	机械费	管理费和利润
2-244	照明配电箱、盘、柜嵌墙式安装 8 回路以上	台（块）	1.000	103.95	7.36	7.22	37.42	103.95	7.36	7.22	37.42
	中转站照明配电箱 1AL1	台	1.000		500.00				500.00		
人工单价			小计					103.95	507.36	7.22	37.42
103.79元/工日			未计价材料费								
			清单项目综合单价						655.95		

材料费明细	主要材料名称、规格、型号	单位	数量	单价（元）	合价（元）	暂估单价（元）	暂估合价（元）
				—	507.36	—	507.36
	其他材料费			—		—	
	材料费小计			—	507.36	—	507.36

注：1. 如不使用省级或行业建设主管部门发布的计价依据，可不填定额项目，编号等。
2. 招标文件提供了暂估价的材料，按暂估单价填入表内"暂估单价"栏及"暂估合价"栏。

121

6.5 措施项目费计算

（1）国家计量规范规定应予计量的措施项目，其计算公式为：

措施项目费＝∑（措施项目工程量×综合单价）

（2）国家计量规范规定不宜计量的措施项目计算方法如下：

1）安全文明施工费

安全文明施工费＝计算基数×安全文明施工费费率（％）

计算基数应为定额基价（定额分部分项工程费＋定额中可以计量的措施项目费）、定额人工费或（定额人工费＋定额机械费），其费率由工程造价管理机构根据各专业工程的特点综合确定。

2）夜间施工增加费

夜间施工增加费＝计算基数×夜间施工增加费费率（％）

3）二次搬运费

二次搬运费＝计算基数×二次搬运费费率（％）

4）冬期、雨期施工增加费

冬期、雨期施工增加费＝计算基数×冬期、雨期施工增加费费率（％）

5）已完工程及设备保护费

已完工程及设备保护费＝计算基数×已完工程及设备保护费费率（％）

上述2）～5）项措施项目的计费基数应为定额人工费或（定额人工费＋定额机械费），其费率由工程造价管理机构根据各专业工程特点和调查资料综合分析后确定。现举例××生活垃圾转运站工程措施项目清单与计价，详见表6-8。

措施项目清单与计价表　　　　　　　　　表6-8

工程名称：××生活垃圾转运站工程　　　　　　　　标段：C01

序号	项目名称	计算基础	费率（％）	金额（元）
1	安全防护、文明施工费			1071871.28
2	夜间施工			12000.00
3	二次搬运			2000.00

序号	项目名称	计算基础	费率(%)	金额(元)
4	冬期、雨期施工			25000.00
5	垂直运输			80500.00
6	大型机械设备进出场及安拆			45000.00
7	基坑降水及施工排水			15800.00
8	预应力梁施工所需支架和其他费用			18006.00
9	地上、地下设施,建筑物的临时保护设施			23000.00
10	建筑垃圾清运(含处置费)			25000.00
11	室内空气污染测试			18000.00
12	检测检验费(材料测试单位须经建设单位认可)			120023.00
13	由中标单位承担的各类保险费(工程一切险、第三者责任险等)			108270.00
14	施工期间办理有关施工场地交通、环境卫生、施工噪音管理等手续费			25000.00
15	施工单位档案资料编制费			28000.00
16	局部深填土或暗浜处理			165753.17
17	其他			0.00
合　计				1783223.45

注:本表适用于以"项"计价的措施项目。

6.6　其他项目费计算

（1）暂列金额由建设单位根据工程特点,按有关计价规定估算,施工过程中由建设单位掌握使用、扣除合同价款调整后如有余额,归建设单位。

（2）计日工由建设单位和施工企业按施工过程中的签证计价。

（3）总承包服务费由建设单位在招标控制价中根据总包服务范围和有关计价规定编制,施工企业投标时自主报价,施工过程中按签约合同价执行。

现以××生活垃圾转运站工程其他项目清单与计价为例说明，详见表 6-9、表 6-10。

其他项目清单与计价汇总表　　　　　　表 6-9

工程名称：××生活垃圾转运站工程　　　　　　标段：C01

序号	项目名称	计量单位	金　额(元)	备注
1	暂列金额		1800000.00	明细略
2	暂估价		2682200.00	
2.1	材料暂估价		—	明细略
2.2	专业工程暂估价		2682200.00	明细略
2.2.1	暂定金额		1167000.00	
2.2.2	指定金额		1515200.00	
3	计日工			明细略
4	总承包服务费			明细略
5	其他			
	合　计		4482200.00	—

注：材料暂估单价进入清单项目综合单价，此处不汇总。

专业工程暂估价表　　　　　　表 6-10

工程名称：××生活垃圾转运站工程　　　　　　标段：C01

序号	工程名称	工程内容	金额(元)	备注
1	伸缩门门头		50000.00	
2	监控系统		250000.00	
3	广播系统		200000.00	
4	围墙		517000.00	
5	交通设施		150000.00	
6	景观绿化		1300000.00	
7	绿化灌溉系统		215200.00	
	合　计		2682200.00	—

6.7　规费和税金计算

建设单位和施工企业均应按照省、自治区、直辖市或行业建设主管部门发布标准计算规费和税金，不得作为竞争性费用。

7 施工阶段工程预算执行与处理

7.1 施工阶段成本控制

7.1.1 工程成本

1. 工程成本管理概念

工程成本管理就是企业对施工经营活动中所发生的费用，进行科学管理，有效监督，时时调节和有效限制，并及时纠正将要发生和已经发生的偏差，把各项建筑项目施工费用控制在预算时的计划成本范围之内，以保证建筑施工项目成本目标的有效实现。

2. 工程成本管理内容

（1）成本预测是在认真分析和研究施工企业本身的技术经济条件、发展前景，并考虑采用降低工程成本措施的基础上，对一定时期的工程成本水平、成本目标进行预测。

（2）成本计划是施工企业根据主管部门下达的成本降低任务，挖掘潜力，制定有效的技术组织措施，依据施工定额等编制成本计划，确定工程成本降低额和降低率。

（3）成本控制是加强成本管理，实现成本计划的必要条件。

（4）成本核算即工程施工费用的核算和工程成本的计算。

（5）成本分析是对工程实际成本进行分析评价，为未来的成本管理工作和降低成本指明方向。

（6）成本考核是对成本计划执行情况的总结和检查。

工程成本管理的六个环节是互为条件，互为制约的。成本计划为成本控制和成本核算提出要求和目标；成本控制与成本核算为成本分析和成本考核提供依据；成本分析和成本考核又反过来为下一阶段的成本计划提供参考。

3. 施工定额在成本管理中的作用

（1）施工定额是制定成本计划的重要依据之一，施工单位编制工程计划成本，主要是依据施工定额以及其他有关文件进行编制。

（2）施工定额是工程成本控制的重要依据之一，施工定额包括劳动定额、材料消耗定额和机械台班使用定额等。劳动定额是确定工程用量的依据，运用劳动定额来控制工程劳动用工数对于节省工程用工量，降低人工费成本具有十分重要的意义。在建筑产品中，所用的材料品种繁多，耗用量大，在一般工业与民用建筑工程中，材料费用一般占工程成本的 60％～70％。因此，运用材料消耗定额来控制工程的材料消耗量，对于降低材料费用具有举足轻重的意义。由此可见，运用施工定额控制工程成本是工程成本管理的一种重要手段。

（3）施工定额是开展班组核算的依据，班组核算是工程成本核算的基础。因此，施工定额是成本核算的重要依据。

4. 工程成本分析

（1）按计算成本的范围分类

建筑企业的工程成本，按其计算范围大小不同，可分为：项目总成本、单位工程成本、分部工程成本。

（2）按工期完成的程度划分：本期已完工程成本、未完工程成本、本期施工成本。

工程实际成本，它是在某一工程施工过程中实际发生的并按成本项目归集的施工费用总和。为了加强成本管理，应分别计算出工程的计划成本、预算成本和实际成本，并应进行相应的对比分析。成本计划降低额和降低率分别为：

成本计划降低额＝工程预算成本－工程计划成本

$$成本计划降低率＝\frac{工程预算成本－工程计划成本}{工程预算成本}×100％$$

成本实际降低额和降低率分别为：

$$成本实际降低额＝工程预算成本－工程实际成本$$

$$成本计划降低率＝\frac{工程预算成本－工程实际成本}{工程预算成本}\times100\%$$

7.1.2 工程成本的作用

1. 工程成本计划的作用

工程成本计划，是指施工企业在某一时期内，为完成某一施工任务所需支出的各项费用的计划。工程成本计划的主要作用表现为：

（1）工程成本计划是施工企业加强成本管理的重要手段，是落实成本管理经济责任制的重要依据，工程成本计划经批准后，一般应按其分工实行分级归口管理，把成本降低任务分解和落实到各职能部门、工区和施工班组，明确各自应承担的成本管理职责，并据此控制和监督施工中的各种消耗，检查和考核成本管理工作，因此，促进了企业的全面成本管理。

（2）工程成本计划是调动企业内部各方面的积极因素，合理使用一切物质资源的措施之一，成本计划即体现了国家对企业降低成本的要求，又反映了企业在计划内可挖掘降低成本的潜力。通过成本计划的制定，明确了降低工程成本的奋斗目标和降低成本的具体任务，从而提高了职工完成和超额完成降低成本任务的积极性。同时，成本计划为企业有计划地控制成本支出提供了依据，为达到奋斗目标提供了有利条件。

（3）成本计划为企业编制财务计划，核定企业流动资金定额，制定施工生产经营计划利润等提供了重要依据。

2. 施工成本控制的作用

（1）成本预测。要做好工、料、机费用预测，结合施工项目的实际情况、施工企业现有的技术装备水平和企业定额科学地计算出工、料、机数量和费用，掌握工资成本、材料成本和机械费成本在施工项目总成本中所占的比例。成本控制、材料设备及财务等部门根据招标投标文件、工程施工承包合同、施工组织设计、分包合同及工地现场调查了解的有关信息进行成本预测和计划成本编制，详细列出每一项成本，汇总总成本。

（2）保证成本目标实现。从施工准备开始经过施工过程至竣工移交后的保修期结束，都会发生施工项目成本。因此，成本控制工作要伴随项目施工的每一阶段，按照设计要求和施工规范施工，确保工程质量，减少施工成本支出，减少工程返工费和工程移交后的保修费用。工程验收移交阶段，要及时追加合同价款办理工程结算。

（3）选好项目经理，签订内部承包协议。项目经理应对企业的整体利益负责，协调好企业与项目经理之间的责、权、利关系。在施工项目的成本管理中，项目经理和所属部门、分公司直到生产班组都要有明确的成本管理责任，而且有定量的责任成本目标。

（4）技术方案优化、降低成本。项目总工程师对施工项目负技术责任，对投标书中的主要技术方案作必要的技术论证。以采取经济合理的方案降低施工成本。把施工方案的优化作为控制施工项目投入的重点。

（5）健全各项管理制度。严格控制计日工等数量，堵住工程分包、材料采购、设备购管和非生产性开支等效益流失渠道。购置设备开支计划审批制、管理费用开支定额制、项目经理对资金回收清欠终身负责制和严格的内部审计制。完善施工项目成本控制和内部监督机制，增强施工项目成本管理的透明度。

（6）加强材料管理和使用。在施工全过程中，材料费占施工总成本的 60% 左右，施工单位要想控制施工总成本，在材料管理和使用上必须加强管理，减少施工过程中不必要的经济损耗。

（7）机械设备的管理。根据工程的需要，科学合理的选用机械设备，充分发挥机械的效能；施工过程中，合理安排机械使用的施工段落，以期提高现场机械的利用率，减少机械费成本；定期做好机械的养护，提高机械的完好率。

（8）加强人工费管理，降低人工消耗。在承包队伍的选择和管理环节上加强控制。承包队伍的选择是人工管理的首要环节，其生产素质的高低与人工单价的高低，影响整个工程质量与成本。其次是要根据设计图纸、工程预算、施工组织设计、人工消耗定额和人工市场单价签订责任明确的用工合同，在施工过程中，严格控制定员、出勤率、加班加点等问题。

7.1.3 工程成本计划的编制

1. 工程成本计划的编制原则

（1）工程成本计划应从企业实际出发，既要使计划尽可能先进，又要实事求是，合理地留有余地。只有这样，才能有效地调动企业职工积极性，更好地起到挖掘企业内部潜力的作用。

（2）编制成本计划，必须以先进的施工定额为依据，即要以先进的，合理的劳动定额，材料消耗定额和机械使用定额为依据。只有这样，才能保证成本计划的先进性和合理性。

（3）工程成本计划应同其他有关计划密切配合，成本计划的编制应以施工计划，技术组织措施，施工组织设计，物资供应计划和劳动工资计划为依据。这些计划是工程成本计划得以实现的技术保障。

2. 工程成本计划的编制

工程成本计划按其计划期的时间一般为：年度计划，季度计划和月度计划三种。公司主要编制年度计划；工区（工程处）主要编制季度计划；施工队则编制月度计划。

（1）公司工程成本计划主要包括降低成本总计划、施工管理费计划和降低工程成本技术组织措施计划。

1）成本总计划

降低成本总计划，主要反映企业计划期内建筑安装工程，附属单位和材料供应单位的预算成本，计划成本和成本降低任务。降低成本总计划一般按其成本项目编制。为了反映所属施工单位的成本降低情况，还应编制施工单位年度降低成本计划。

公司年度降低成本总计划是根据上级主管部门下达的降低成本要求和企业的施工任务实情，以施工定额、施工技术职能部门提出的技术组织措施和施工计划为依据，并参照上期完成成本计划的实际情况以及各工区（工程处）提出的成本计划进行编制的。如果企业下属各单位的成本计划经公司复核同意，不需要再进行调整时。也可以直接将各单位报送的成本计划进行汇总编制。企业在编制成本计划时，对上级规定的降低成本指标，务必想方设法，挖掘一切潜力，保证完成或超额完成。

施工单位降低工程成本计划主要反映企业的下属施工单位的成本降低额和降低率。下属各单位的成本项目的预算成本和降低额应与公司的成本降低总计划相应项目相符，该表反映了公司对下属施工单位降低工程成本的要求，并以此表作为对公司对下属施工单位进行成本考核的重要依据。

2）工程成本技术组织措施计划

降低成本技术组织措施计划，为了保证降低成本任务的完成和超额完成，应当编制降低成本技术组织措施计划，用以反映实现降低成本额所采取的各项具体技术组织措施以及预计实现的经济效益。

编制降低成本技术组织措施计划，一般以技术职能部门为主，并会同施工生产、质量检查、财务会计、材料供应、机械管理、劳动工资等部门以及附属单位共同研究编制。采用技术组织措施所带来的经济效益，一般通过试验和预算，或参照其他施工单位的经验测算。在制订成本技术组织措施时，一定要从实际出发，实事求是，在保证工程质量的前提下降低成本，提高经济效益，切忌偷工减料。降低成本技术组织措施计划是公司编制成本总计划和工区、施工队编制降低成本组织措施计划的依据。

3）施工管理费计划

施工管理费计划，它是反映企业非生产性开发的计划，主要用来确定施工管理费的各项费用合理支出额，以及管理费降低额和降低率。施工管理费计划、应当根据施工计划、施工管理费用的预算收入、职工人数、施工管理费定额，结合企业的具体情况，本着节省开支的原则进行编制。施工管理费计划的编制步骤为：首先由财务部会计部门会同其他有关部门共同研究和制定各费用开支的控制指标，然后由各费用分管部门根据费用开支控制指标编制费用计划，最后由财务会计部门进行综合平衡。一般情况下，除了编制公司施工管理费用计划外，还应编制下属各单位施工管理费计划，用以反映和控制下属各单位的施工管理费支出。

（2）工区工程成本计划的编制

工区工程成本计划是按照公司下达的年度施工任务和降低成本要求，根据工区的具体情况，挖掘潜力，找措施，在保质、保量地完成施工任务的前提下所制订的工程成本计划和成本降低额计划。工区工程成本计划，一般包括年度和季度降低成本计划、降低成本技术组织措施计划和施工管理费计划。

工区降低成本技术组织措施计划和施工管理费用计划的编制方法，与公司降低成本技术组织措施计划和管理计划的编制方法相同，但其内容应结合工区实际情况，提出更为具体的节约措施。为了保证完成年度降低工程成本计划，工区还应在季度开始之前，编制好季度降低成本计划。

（3）施工队工程成本计划的编制

施工队是建筑企业的基层核算单位，为了保证完成工区下达的季度施工任务和降低成本任务，应编制月度工程成本计划和降低成本技术组织措施计划和施工管理计划。

施工队编制月度工程成本计划时，可参照公司和工区成本计划的编制方法进行，但应着重于直接费成本项目的编制，而施工管理费计划一般由工区负责编制和管理，施工队可直接编制。对于降低成本技术组织措施计划，施工队应在工区降低成本技术组织措施计划的基础上，结合具体的工程项目和施工水平，编制施工队月度降低工程成本技术组织措施计划，并应将计划落实到班组。

为了控制施工费用的支出，施工队一般应在工程开工之前，依据施工图、施工图预算、施工组织设计、施工定额等，编制好施工预算，以此作为编制工程项目成本计划的依据。

7.1.4　人工费核算

通常的核算方法为：

（1）实行计件工资时，可根据任务书和工资结算凭证，直接记入各对应的成本核算对象。

（2）实行计时工资时，对于能分清受益对象的，可直接将人工费计入相应受益工程的成本内；若无法分清受益对象时，可按各工程的实耗工日数和当月的平均工资水平进行分配，其计算式如下：

$$当月的日平均基本工资＝\frac{施工单位当月基本工资总额}{施工单位当月实耗工日总数}$$

受益工程应分摊的人工费＝收益工程的实际用工数×当月的日平均基本工资

（3）各种工资性津贴，参照计件，计时工资的核算办法执行。

（4）生产工人应得的奖金，能明确受益对象的，可以直接计入相应的受益工程的成本内；不能明确受益对象时，应根据各受益工程的实际用工量进行分配，当人工费进行合理分配后，财务会计部门应根据人工费的分配情况，将其结果分别计入工程施工成本明细账的"人工费"栏内。

7.1.5　材料费核算

工程成本中的材料费，主要是指建筑安装工程施工中所耗用的构成工程实体和有助于工程形成的材料和结构件的实际成本。其中包括周转材料的摊销费，但不包括需要安装的设备费用。材料费核算的主要依据是：材料发出汇总表、领料单、退料单、周转材料使用情况表、大堆材料耗用计算表等。

建筑安装工程施工过程中领用的材料和结构件，应由领用部门、班组填制领料单或其他领料凭证，未用完的材料也应及时入库，填制退料单等，正确、及时办理领、退料手续，并应注明用途和核算对象。财务部门应对各种领、退料凭证详细审核，按照材料和结构件的用途和核算对象进行归类，对于建筑安装工程各成本核算对象之间的用料要划分清楚。

由于建筑材料的品种繁多，大堆材料的用量大，施工流动分散，给材料的核算带来一定的困难。因此，在各材料费分摊时，应当按不同种类的材料区别对待。具体办法如下：

（1）凡领料时能点清数量，分清用料对象的材料，以及现场预制完成的结构件，如混凝土预制构件、金属构件、木结构等，均应办理领发和验收手续，在领料单上注明数量、单位、用途和成本核算对象，可按不同用途和不同的核算对象直接列入材料支出汇总表。

（2）对于用料数量不易点清、也不易具体确定成本核算对象的大堆材料，如石灰、砂石料等，可根据具体情况交给生产班组验收或由材料部门管理：实行混凝土、砂浆集中搅拌的，由搅拌楼（站）验收保管。月末（期末）由材料部门会同各有关班组或搅拌站进行实地盘点，计算出本月（或本期）的材料实际耗用量，并结合材料消耗定额、混凝土和砂浆的分配用量，编制大堆材料耗用计算单，据此分别将其材料费用记入各成本核算对象的材料费成本栏目内。

（3）凡周转使用的模板、脚手架等材料，可按施工任务的需要，拨发给生产班组保管和周转使用。在用的周转材料，按企业规定的摊销方法计提摊销，每个成本计算期末，各有关班组应在材料部门的指导下编制周转材料摊销计算单，送财务部门据以作为计提和分配周转材料摊销的依据。材料部门应定期或在单位工程竣工时对周转材料进行实地盘点，确定其盘存数量和耗损量，用以确定周转材料合理摊销费用。

周转材料费用的摊销方法一般有以下几种：

（1）定额摊销法。根据实际完成的实物工程量和施工定额所规定的周转材料消耗定额，计算本期的摊销额。计算公式如下：

本期周转材料摊销额＝$\sum$（本期完成的某项实物工程量×单位工程量周转材料摊销额）

这种摊销方法计算简单，一般运用于各种模板等周转材料。

（2）分次摊销法。根据周转材料的预计使用次数，计算到次的摊销额。计算公式如下：

$$周转材料每次摊销额=\frac{周转材料计划成本（1-残值占计划成本的\%）}{预计使用计数}$$

这种摊销方法一般适用于各种模板、挡板等周转材料。

例：某工程预制混凝土构件使用定型模板 500m²，计划单价为 6.5 元/m²，共计 3250 元。预计该模板使用次数为 50 次，报废时预计回收残值为原值的 5%。本月使用次数为 5 次。试求本月的模板摊销费。

按分次摊销法计算本月的模板摊销费为：

$$每次摊销额=\frac{3250\times(1-5\%)}{50}=61.75（元/次）$$

本月的模板摊销费=61.75×5=308.75（元）

（3）分期摊销法。根据周转材料的预计使用期限计算每期摊销额。其计算式如下：

$$周转材料每期摊销费=\frac{周转材料计划成本\times(1-残值占计划成本的\%)}{预计使用期限}$$

这种摊销方法一般适合用于脚手架、跳板、塔吊、轻轨、枕木等周转材料

工程竣工时，应及时办理剩余材料的退料手续，填制退料单。施工中回收的残次料和包装品等，应填制残次料入库单，并应估价入账，据以冲销部分材料费用。

月末，财务会计部门应根据审核无误的定额领料单、退料单、大堆材料耗用量分配表等，按照成本核算对象汇总计算各类材料的计划成本，然后按照各类材料的差异率计算材料成本差异，编织材料分配表。同时还应根据周转材料摊销表，周转材料补提摊销表，汇总编制周转材料摊销分配表。一般情况下，可将材料分配表和周转材料分配表合成一表。

"成本差异"系指材料实际成本与计划成本之间的差异，材料成本差异和成本差异率可按下式计算：

材料成本差异=材料的实际成本-材料的计划成本

材料成本差异率＝（材料的实际成本－材料的计划成本）/材料的计划成本 ×100％

材料成本差异＝材料的计划成本×材料成本差异率

7.1.6 机械使用费核算

工程成本中的机械使用费，是指建筑安装施工过程中使用的自有机械所发生的机械使用费、使用外单位施工机械的租赁费以及按照规定支付的施工机械进场费等。在成本核算中，自有机械使用费用和租赁费的核算方法有所不同。

自有施工机械使用费核算。由工区自行管理和使用的施工机械，在使用过程中，随机人员应逐日填写机械使用记录。月末，机械管理部门应根据机械施工任务单和机械使用记录汇编机械使用报表，并连同机械使用记录一起交给财务部门作为分配机械使用费的依据。财务部门根据机械使用报表等编制机械使用费分配表，将机械使用费分配计入各受益对象。机械使用费的分配，可根据情况分别采用以下几种方法。

（1）按机械台班分配法。如果施工机械作业按单机或机组分别核算，可采用这种分配方法。首先将所发生的施工机械使用费用按单机或机组归类，计算出各种机械的实际总成本，然后将各种机械的实际总成本除以实际工作台班数，求出每个工作台班的实际成本。最后分别乘以每个受益工程的实际使用机械台班数量，即可得出其应负担的机械使用费。其计算式如下：

某种机械台班实际成本＝该种机械实际总成本/该机械实际工作台班费

$$受益工程的某种机械台班费＝\frac{该种机械台}{班实际成本}×\frac{该工程实用}{机械台班数}$$

（2）按完成工程量分配法。机械作业按单机或机组分别核算，并能计算出各受益工程的机械施工工程量时，则可根据各受益工程的机械施工工程量的多少进行分配。其计算公式如下：

某种机械的单位工程量机械使用费实际成本＝

$$\frac{该机械在计算期内实际总成本}{该机械在计算期内实际工程量总和}$$

$$受益工程的某种机械使用费 = \frac{该机械的单位工程量}{机械使用费实际成本} \times \frac{收益工程中由该机}{械完成的工程量}$$

（3）系数分配表。如果施工机械作业按类别综合核算，可以采用系数分配法。按系数计算的不同，又可以分为按使用机械的定额成本和按工程的机械费预算成本计算等两种分配系数表。

1）按使用机械的定额成本分配。分配时，首先按机械使用报表所列该类各种机械的实际台班数量，乘以各种机械的定额（即施工定额）单价，得出该类机械的定额总成本，再与该机械的实际成本比较求得分配系数。然后，乘以各受益工程的额定成本，即可求出其应负担的机械使用费。其计算公式如下：

使用某类机械的定额总成本 = Σ（某类各种机械实际使用台班 × 该种机械台班定额单价）

$$某类机械使用费的分配系数 = \frac{该类机械的作业实际总成本}{使用该类机械的定额总成本}$$

$$受益工程应分配的某类机械使用费 =$$
$$\frac{受益工程使用该类}{机械的定额总成本} \times \frac{该类机械使用}{费的分配系数}$$

2）按工程的机械预算成本分配。分配时，首先按照施工预算方法计算本期工程的机械费预算成本，然后与机械费的实际成本比较，求得分配系数，再乘以各受益工程的本期机械费预算成本，即可得出其应负担的机械使用费。计算公式如下：

使用某种机械的机械费预算总成本 = Σ（本期工程的机械费预算成本）

某类机械使用费分配系数 = 该机械本期实际总成本／该类机械的机械费预算成本

$$受益工程本期应分配的某类机械使用费 =$$
$$\frac{受益工程的本期}{机械预算成本} \times \frac{该机械使用}{费分配系数}$$

以上所介绍的自有施工机械使用费分配方法，企业应根据具体情况合理选用。一般情况下，对实行单机或机组核算的大型施工机械，应采用按机械台班分配法或者按完成工程量分配法，对于实行分类核算的中小型施工机械，在机械使用记录比较齐全的条件下，应采用按使用机械的定额成本计算的系数分配法，只有在没有可靠的分配依据时，才可采用按机械（使用费）预算成本计算的系数分配法。

施工机械租赁费核算，在租赁外单位施工机械的情况下，施工单位可根据对方的租赁费结算单，直接计入各有关工程成本核算对象。

7.1.7 其他直接费核算

工程成本中的其他直接费，是指不包括人工费、材料费、机械使用费项目内的现场施工直接耗用的水、电、风、气等费用，以及施工现场发生的材料二次搬运费等。

工程用水、电、风、气及现场材料二次搬运等劳务，如由本单位辅助生产部门自行提供时，所发生的费用，应先进行归集整理，然后按企业规定的分配方法分别计入各成本核算对象。若以上各项劳务由外单位提供，其费用则应于发生时直接计入各成本核算对象。

企业财务部门在分配其他直接费用时，凡能确定各成本核算对象实际耗用量时，应按实际耗用量直接分配计入各成本核算对象；对于不能直接计入和直接分配计入的，则可根据具体情况，应以施工定额耗用量、施工预算所确定的预算费用或工程工料实际成本为比例，在有关的成本核算对象之间进行分配。并应根据分配情况，编制其他直接费分配表，以此作为计算工程成本"其他直接费"的依据。

7.1.8 施工管理费核算

1. 公司施工管理费核算

公司所发生的施工管理费用，是工程成本的一个组成部分，因此，必须将公司管理费按一定的程序和方法分配计入各成本核算对象。按费用的实际分配率结转法有以下三种分配形式：

（1）按工作量比例分配法。本法系以各区在计算期内实际完成的工作量的多少作为公司管理费分配的基础。完成工作量多的工区，所承担的公司管理费用也相应多一些。计算式如下：

$$\begin{matrix}某工区应分配的\\公司施工管理费\end{matrix} = \begin{matrix}公司施工管理\\费实际开支额\end{matrix} \times \left(\begin{matrix}该工区实际\\完成工程量\end{matrix} \div \begin{matrix}全公司实际\\完成工作量\end{matrix}\right)$$

（2）按直接费比例分配法。以各工区在计算期的直接费成本为分配基数。其计算公式如下：

$$\begin{matrix}某工区应分配的\\公司施工管理费\end{matrix} = \begin{matrix}公司施工管理\\费实际开支额\end{matrix} \times \left(\begin{matrix}该工区在计算期\\内直接费成本\end{matrix} \div \begin{matrix}全公司计算期内直\\接费成本总和\end{matrix}\right)$$

（3）按人工费比例分配法。以各工区在计算期内的人工费成本作为公司施工管理费的分配基数。其分配计算公式如下：

$$\begin{matrix}某工区应分配的\\公司施工管理费\end{matrix} = \begin{matrix}公司施工管理\\费实际开支额\end{matrix} \times \left(\begin{matrix}该工区计算期\\内人工费之和\end{matrix} \div \begin{matrix}全公司计算期\\内人工费总和\end{matrix}\right)$$

2. 工区施工管理费核算

工区施工管理费核算的关键是如何正确、合理地将施工管理费用分配计入相应的成本核算对象。各类工程之间分配管理费的计算式如下：

$$\begin{matrix}某类工程应分配\\的施工管理费\end{matrix} = \begin{matrix}工区实际发生的\\施工管理费总额\end{matrix} \times \left(\begin{matrix}本类工程成本\\中的工人费之和\end{matrix} \div \begin{matrix}工区各类工程成本\\中的人工费总额\end{matrix}\right)$$

建筑工程中的各成本核算对象之间的管理费分配可按下式计算：

$$\begin{matrix}建筑工程某核算对\\象应分配施工管理费\end{matrix} = \begin{matrix}建筑工程应分配\\的施工管理费\end{matrix}$$

$$\times \left(\begin{matrix}该核算对象的\\直接费成本之和\end{matrix} \div \begin{matrix}工区建筑工程的\\直接费成本之和\end{matrix}\right)$$

设备安装工程中各成本核算对象之间的管理费分配，可按下式计算：

$$\begin{matrix}安装工程某成本核算对\\象应分配施工管理费\end{matrix} = \begin{matrix}安装工程应分配\\的施工管理费\end{matrix} \times \left(\begin{matrix}该核算对象\\的人工费之和\end{matrix} \div\right.$$

工区安装工程)
的人工费总额)

该工程成本计算，通过以上核算，工区财务部门可将本期各成本核算对象所应负担的各项生产费用详细地反映在工区的工程施工成本明细账上，从而为定期的工程成本结算和竣工决算提供必要的依据。

按照现行的有关规定，建筑企业按月结算已完工程成本，按月结算有困难的，经上一级主管部门批准，可按季度结算。通过定期对已完工程的预算成本和实际成本的计算和比较，可反映工程成本的升降和节超情况，可用以考核各工区的经济效益。

为了搞好工区的月度结算，必须正确的计算已完工程的实际成本，并做好未完施工工程的盘点和核算工作。本期已完工程的实际成本，是指本期（或月份）内已完工程所开支的实际生产费用。其计算式如下：

$$\frac{\text{本期已完工}}{\text{程实际成本}} = \frac{\text{期初未完施}}{\text{工实际成本}} + \frac{\text{本期发生的}}{\text{施工费用}} - \frac{\text{期末未完施}}{\text{工实际成本}}$$

期末未完施工的实际成本，应由生产部门通过实地盘点，编制未完施工盘点表，汇总确定未完施工的实际成本。

期末未完施工的实际成本可按以下方法近似的计算。

（1）约当产量法，它是根据施工现场实地估测所确定的未完施工的工程实物量，按照完成部分分项工程施工各工序的程度，折合成相当于已完成工程的实物量，然后，将折合已完工程的实物量乘以预算单价，即得到未完施工的预算成本。用其预算成本近似地代替实际成本，便可估算出期末未完施工的实际成本。其计算式如下：

$$\frac{\text{折合分部分项}}{\text{已完工程量}} = \frac{\text{未完分部分项工}}{\text{程的实测实物量}} \times \frac{\text{已完工序占分部分项工程}}{\text{施工全部工序的比率}}$$

期末未完施工实际成本≈折合分部分项已完工程量×该分部分项工程预算定额单价

（2）工序定额法，就是按照未完施工各工序的盘点数乘以预算单价中各该工序的工、料、机械使用费用定额，并加计施工管理费，即为期末未完施工价值。

未完施工成本的计算方法的选用，应根据各未完施工项目（即：分部分项工程）的实际情况具体确定。对于未完施工数额不大的工程，平时可以不计算未完施工成本，只在每年年末一次计算。如果未完施工的期初与期末的差额不大，也可以以年初的未完施工成本作为各期期末的未完施工成本，并在年末时再按实际情况调整一次。如果未完工的分部分项工程已按折合已完工程办理结算，则期末既无未完施工，也就不必计算未完施工成本。

各工程的期末未完施工的实际成本确定后，即可根据工程成本明细账，计算本期已完工程的实际成本。

7.1.9 工程成本分析

1. 工程成本分析方法

（1）比较分析法是通过工程成本指标的对比，从成本指标数量差异上，检查和评估成本管理的工作质量，研究产生差异的原因及其影响程度，并研究相应的处理措施，用以达到降低工程成本的目的。比较分析法，一般有以下几种形式：

1）实际成本与计划成本比较。

2）本期实际成本与上期实际成本比较。

3）本企业的实际成本与先进企业的实际成本比较。

在应用比较分析法时，应注意其可比性，即在指标的计量单位、计价标准、时间等各方面具有可比性。

（2）因素分析法是把影响成本计划完成的诸多因素中的某一个因素作为可变量，而其他因素均暂作常量。

2. 工程成本综合分析

（1）预算成本与实际成本比较。

（2）实际成本与计划成本比较。

（3）企业所属单位之间进行比较。

（4）与上年同期比较。

3. 工程成本指标总的完成情况分析

它主要是从总的方面分析工程实际总成本比计划（或预算）总成本是节约还是超支。节、超的幅度有多大，考查各成本项目节、超情况，以及成本升降趋势。分析时，既要看成本节、超的绝对数值，又要看其相对数量，即成本降低额和成本降低率。

4. 各施工单位的工程成本指标完成情况分析

从工程成本指标总的完成情况分析中，只能看出整个企业的成本降低任务完成情况，但不能具体反映下属各施工单位的成本管理水平，为了加强成本管理责任制，分清责任，查明各施工单位的成本节、超对公司总成本节、超的影响效果，应以下属施工单位为对象分析其工程成本的完成情况。

5. 各成本项目的费用分析

（1）人工费分析，它对发现节约人工费的主要途径、提高劳动生产率、节约工资基金有着重要的意义。

（2）材料费分析，由于材料费占工程成本的比重大，因而是成本分析的关键项目。材料费分析，主要是根据预算材料费、实际成本中的材料费以及地区材料单价等方面的资料进行分析。

（3）机械使用费分析，它应根据施工机械的管理体制不同而采用相应的分析方法。

（4）其他直接费分析，它主要是将预算成本中的其他直接费与实际成本中的其他直接费进行对比分析。

（5）施工管理费分析，由于施工管理费占工程成本的比重较大，因此，对其工程成本的影响亦较大。施工管理费分析，通常采用两种分析方法：

1）将实际工程成本中的管理费与预算成本中的管理费比较。

2）将施工管理费的实际开支额与其计划支出额比较。

7.1.10 工程款项回收

竣工决算是成本管理的最终结果，也是企业真正实现盈利的关键。

（1）要做好工程技术资料的收集、整理、汇总、归档，以确保工程竣工时技术资料的完整性、可靠性。在竣工决算阶段，项目部将有关决算资料提交预算部门，对中标预算，材料实耗，人工费等进行分析、比较、查漏补缺，确保工程竣工决算的正确性、完整性。

（2）加强应收账款的管理。工程竣工后要及时进行结算，以明确债权、债务关系。项目部要专人负责与开发商联系，力争尽快收回资金，以增强对债务单位的约束力。若甲方有意拖延款项的归还，应该争取公司领导支持，收集施工过程的证据，采取法律诉讼维护公司的经济利益。

（3）分析总结，反馈考核。工程竣工决算后，由项目部编制详细的结算资料及成本资料交公司，由公司预结算部门对项目部进行结算资料审核，财务部门对该工程成本资料进行审核。由公司审计部对该工程的盈亏情况作详细审查，并做出该工程盈亏额认定内部审计报告，并结合预算和财务部门的分析和相关经济效益指标，报公司领导及主管部门领导。

7.2 建设工程合同价款

招标工程的合同价款应当在规定时间内，依据招标文件、中标人的投标文件，由发包人与承包人订立书面合同约定。非招标工程的合同价款依据审定的工程预（概）算书由发、承包人在合同中约定。合同价款在合同中约定后，任何一方不得擅自改变。

7.2.1 合同条款约定

发包人、承包人应当在合同条款中对涉及工程价款结算的下列事项进行约定：

（1）预付工程款的数额、支付时限及抵扣方式；

（2）工程进度款的支付方式、数额及时限；

（3）工程施工中发生变更时，工程价款调整方法、索赔方式、时限要求及金额支付方式；

（4）发生工程价款纠纷的解决方法；

（5）约定承担风险的范围及幅度以及超出约定范围和幅度的调整办法；

（6）工程竣工价款的结算与支付方式、数额及时限；

（7）工程质量保证（保修）金的数额、预扣方式及时限；

（8）安全措施和意外伤害保险费用；

（9）工期及工期提前或延后的奖惩办法；

（10）与履行合同、支付价款相关的担保事项。

7.2.2 合同约定方式

发、承包人在签订合同时对于工程价款的约定，可选用下列一种约定方式：

（1）固定总价：合同工期较短且工程合同总价较低的工程，可以采用固定总价合同方式。

（2）固定单价：双方在合同中约定综合单价包含的风险范围和风险费用的计算，在约定的风险范围内综合单价不再调整。风险范围以外的综合单价调整方法，应当在合同中约定。

（3）可调价格：可调价格包括可调综合单价和措施费等，双方应在合同中约定综合单价和措施费的调整方法，调整因素包括：法律、行政法规和国家有关政策变化影响合同价款；工程造价管理机构的价格调整；经批准的设计变更；发包人更改经审定批准的施工组织设计（修正错误除外）造成费用增加；双方约定的其他因素。

承包人应当在合同规定的调整情况发生后 14 天内，将调整原因、金额以书面形式通知发包人，发包人确认调整金额后将其作为追加合同价款，与工程进度款同期支付。发包人收到承包人通知后 14 天内不予确认也不提出意见，视为已经同意该项调整。当合同规定的调整合同价款的情况发生后，承包人未在规定时间内通知发包人，或者未在规定时间内提出调整报告，发包人可以根据有关资料，决定是否调整和调整的金额，并书面通知承包人。

7.2.3 工程价款协商处理

工程价款结算应按合同约定办理，合同未作约定或约定不明的，发、承包双方应依照下列规定与文件协商处理：

（1）国家有关法律、法规和规章制度；

（2）国务院建设行政主管部门、省、自治区、直辖市或有关部门发布的工程造价计价标准、计价办法等有关规定；

（3）建设项目的合同、补充协议、变更签证和现场签证，以及经发、承包人认可的其他有效文件；

（4）其他可依据的材料。

7.3 工程预付款支付

7.3.1 一般规定

（1）承包人应将预付款专用于合同工程。

（2）包工包料工程的预付款的支付比例不得低于签约合同价（扣除暂列金额）的10%，不宜高于签约合同价（扣除暂列金额）的30%。

（3）承包人应在签订合同或向发包人提供与预付款等额的预付款保函后向发包人提交预付款支付申请。

（4）发包人应在收到支付申请的7天内进行核实，向承包人发出预付款支付证书，并在签发支付证书后的7天内向承包人支付预付款。

（5）发包人没有按合同约定按时支付预付款的，承包人可催告发包人支付；发包人在预付款期满后的7天内仍未支付的，承包人可在付款期满后的第8天起暂停施工。发包人应承担由此增加的费用和延误的工期，并应向承包人支付合理利润。

（6）预付款应从每一个支付期应支付给承包人的工程进度款中扣回，直到扣回的金额达到合同约定的预付款金额为止。

（7）承包人的预付款保函的担保金额根据预付款扣回的数额

相应递减，但在预付款全部扣回之前一直保持有效。发包人应在预付款扣完后的 14 天内将预付款保函退还给承包人。

7.3.2 工程预付款拨付规定

（1）工程预付款拨付的时间和金额应按照发承包双方的合同约定执行，合同中无约定的宜执行《建设工程价款结算办法》（财建〔2004〕369 号）的相关规定。

（2）建设单位按照发承包双方合同约定或有关规定，在工程开工前，计算应支付的工程预付款数额。

（3）支付的工程预付款，应按照建设工程施工承发包合同约定在工程进度款中进行抵扣。

7.3.3 工程预付款的额度规定

（1）工程预付款由发包人按照合同约定，在正式开工前预先支付给承包人的工程款。是施工企业为该承包工程项目储备主要材料，结构件所需流动资金。国内习惯上又称为预付备料款。发包人应在双方签订合同后的一个月内或不迟于约定的开工日期前 7 天内预付工程款。

（2）预付款支付的条件：承包人向发包人提交金额等于预付款数额的银行保函。未按时预付的承包人应在预付时间到期后 10 天内向发包人发出要求预付的通知，发包人收到通知后仍不预付，承包人可在发出通知 14 天后停止施工，发包人应从约定应付之日起向承包人支付应付款的利息，并承担违约责任。

（3）工程预付款的额度规定：《建设工程价款结算办法》明确"包工包料工程的预付款按合同约定拨付，原则上预付比例不低于合同金额的 10%，不高于合同金额的 30%，对于重大工程项目，按年度工程计划逐年预付，计价执行《建设工程工程量清单计价规范》的工程，实体性消耗和非实体性消耗部分应在合同中分别约定预付款比例。"一般建筑工程不应超过当年建筑工程量（包括水，电，暖）的 30%，安装工程按年安装工作量的 10%，材料占比重较多的安装工程按年计划产值的 15% 左右拨付。

（4）在实际工作中，工程预付款的数额，要根据各工程类型，合同工期，承包方式和供应体制等不同条件而定，例如，工业项目中钢结构和管道安装占比重较大的工程，其主要材料所占的比重比一般安装工程要高，因而备料款数额也要相应提高；工期短的工程比工期长的要高；材料由施工单位自购的比由建设单位供应主要材料的要高；对于包工不包料的工程项目，则可以不付预付备料款。

7.3.4　工程预付款数额计算方法

按合同中约定的数额：发包人根据工程的特点，工期长短，市场行情，供求规律等因素，招标时在合同条件中约定工程预付款的百分比，按此百分比计算工程预付款数额。影响因素法是将影响工程预付款的每个因素作为参数，按其影响关系，进行工程预付款数额的计算。

7.3.5　工程预付款扣回的方法

由发包人和承包人通过洽商用合同的形式予以确定。采用等比率或等额扣款的方式，也可针对工程实际情况具体处理。工程预付款扣回的方法有：

1. 累计工作量法

从未施工工程尚需的主要材料及构件的价值相当于工程预付款数额时扣起，从每次中间结算工程价款中，按材料及构件比重抵扣工程价款，至竣工之前全部扣清。因此，确定起扣点是工程预付款起扣的关键。

2. 工程量百分比法

在承包人完成工程款金额累计达到合同总价的一定百分比后，由承包人开始向发包人还款，发包人从每次应付给承包人的金额中扣回工程预付款，发包人至少在合同中规定的完成期前一定时间内将工程预付款的总计金额按逐次分摊的方法扣回。

应扣工程预付款数额确定：有分次扣还法和一次扣还法两种

方法。

（1）分次扣还法：自起扣点开始，在每次工程价款结算中扣回工程预付款。抵扣的数量，应等于本次工程价款中材料和构件费的数额和材料比例的乘积。

（2）一次扣还法：在未完工的建筑安装工程量等于预收预付款时，用全部未完工作价款一次抵扣工程预付款，承包人停止向建设单位收取工程价款。

7.3.6 工程预付款计算

1. 预付备料款的限额

由下列主要因素决定：主要材料（包括外购构件）占工程造价的比重；材料储备期；施工工期。对于施工企业常年应备的备料款限额，可按下式计算：

备料款限额＝年度承包工程总值×主要材料所占比重/年度施工日历天数×材料储备天数

2. 备料款的扣回

发包单位拨付给承包单位的备料款属于预支性质，到了工程实施后，随着工程所需主要材料储备的逐步减少，应以抵充工程价款的方式陆续扣回。扣款方法：

（1）可以从未施工工程尚需的主要材料及构件的价值相当于备料款数额时起扣，从每次结算工程价款中，按材料比重扣抵工程价款，竣工前全部扣清。

（2）扣款的方法也可以在承包方完成金额累计达到合同总价的一定比例后，由承包方开始向发包方还款，发包方从每次应付给承包方的金额中扣回工程预付款，发包方至少在合同规定的完工期前将工程预付款的总计金额逐次扣回。

7.4 工程进度款申请

7.4.1 工程进度款的支付

施工企业在施工过程中，按逐月（或形象进度，或控制界面等）完成的工程数量计算各项费用，向建设单位（业主）办理工程进度款的支付（即中间结算）。

1. 工程量的确认

（1）承包方应按约定时间，向发包方提交已完工程量的报告。

（2）发包方收到承包方报告后 7 天内未进行计量，第 8 天起，承包方报告中开列的工程量即视为已被确认，作为工程价款支付的依据。

（3）发包方对承包方超出设计图纸范围和（或）因自身原因造成返工工程量，不予计量。

2. 合同收入的组成

（1）合同中规定的初始收入，即建造承包商与客户在双方签订的合同中最初商定的合同总金额，它构成了合同收入的基本内容。

（2）因合同变更、索赔、奖励等构成的收入，这部分收入并不构成合同双方在签订合同时已在合同中商定的合同总金额，而是在执行合同过程中由于合同变更、索赔、奖励等原因而形成的追加收入。

7.4.2 工程进度款的支付

1. 工程进度款结算方式

（1）按月结算与支付。即实行按月支付进度款，竣工后清算的办法。合同工期在两个年度以上的工程，在年终进行工程盘点，办理年度结算。

（2）分段结算与支付。即当年开工、当年不能竣工的工程按照工程形象进度，划分不同阶段支付工程进度款。具体划分在合同中明确。

2. 安全文明施工费支付

（1）安全文明施工费包括内容和使用范围，应符合国家有关文件和计量规范的规定。

（2）发包人应在工程开工后的 28 天内预付不低于当年施工

进度计划的安全文明施工费总额的 60％，其余部分应按照提前安排的原则进行分解，并应与进度款同期支付。

（3）发包人没有按时支付安全文明施工费的，承包人可催告发包人支付；发包人在付款期满后的 7 天内仍未支付的，若发生安全事故，发包人应承担相应责任。

（4）承包人对安全文明施工费应专款专用，在财务账目中应单独列项备查，不得挪作他用，否则发包人有权要求其限期改正；逾期未改正的，造成的损失和延误的工期应由承包人承担。

3. 支付一般规定

（1）发承包双方应按照合同约定的时间、程序和方法，根据工程计量结果，办理期中价款结算，支付进度款。

（2）进度款支付周期应与合同约定的工程计量周期一致。

（3）已标价工程量清单中的单价项目，承包人应按工程计量确认的工程量与综合单价计算；综合单价发生调整的，以发承包双方确认调整的综合单价计算进度款。

（4）已标价工程量清单中的总价项目和按照规范规定形成的总价合同，承包人应按合同中约定的进度款支付分解，分别列入进度款支付申请中的安全文明施工费和本周期应支付的总价项目的金额中。

（5）发包人提供的甲供材料金额，应按照发包人签约提供的单价和数量从进度款支付中扣除，列入本周期应扣减的金额中。

（6）承包人现场签证和得到发包人确认索赔金额应列入本周期应增加的金额中。

（7）进度款的支付比例按照合同约定，按期中结算价款总额计，不低于 60％，不高于 90％。

（8）承包人应在每个计量周期到期后的 7 天内向发包人提交已完工程进度款支付申请一式四份，详细说明此周期认为有权得到的款额，包括分包人已完工程的价款。支付申请应包括下列内容：

1）累计已完成的合同价款；

2）累计已实际支付的合同价款；

3）本周期合计完成的合同价款；

4）本周期已完成单价项目的金额；

5）本周期应支付的总价项目的金额；

6）本周期已完成的计日工价款；

7）本周期应支付的安全文明施工费；

8）本周期应增加的金额；

9）本周期合计应扣减的金额；

10）本周期应扣回的预付款；

11）本周期应扣减的金额；

12）本周期实际应支付的合同价款。

（9）发包人应在收到承包人进度款支付申请后的 14 天内，根据计量结果和合同约定对申请内容予以核实，确认后向承包人出具进度款支付证书。若发承包双方对部分清单项目的计量结果出现争议，发包人应对无争议部分的工程计量结果向承包人出具进度款支付证书。

（10）发包人应在签发进度款支付证书后的 14 天内，按照支付证书列明的金额向承包人支付进度款。

（11）若发包人逾期未签发进度款支付证书，则视为承包人提交的进度款支付申请已被发包人认可，承包人可向发包人发出催告付款的通知。发包人应在收到通知后的 14 天内，按照承包人支付申请的金额向承包人支付进度款。

（12）发包人未按照规范的规定支付进度款的；承包人可催告发包人支付，并有权获得延迟支付的利息；发包人在付款期满后的 7 天内仍未支付的，承包人可在付款期满后的第 8 天起暂停施工。发包人应承担由此增加的费用和延误的工期，向承包人支付合理利润，并应承担违约责任。

（13）发现已签发的任何支付证书有错、漏或重复的数额，发包人有权予以修正，承包人也有权提出修正申请。经发承包双方复核同意修正的，应在本次到期的进度款中支付或扣除。

4. 已完工程量的计量

（1）承包人应当按照合同约定的方法和时间，向发包人提交已完工程量的报告。发包人接到报告后 14 天内核实已完工程量，并在核实前 1 天通知承包人，承包人应提供条件并派人参加核实，承包人收到通知后不参加核实，以发包人核实的工程量作为工程价款支付的依据。发包人不按约定时间通知承包人，致使承包人未能参加核实，核实结果无效。

（2）发包人收到承包人报告后 14 天内未核实完工程量，从第 15 天起，承包人报告的工程量即视为被确认，作为工程价款支付的依据，双方合同另有约定的，按合同执行。

（3）对承包人超出设计图纸（含设计变更）范围和因承包人原因造成返工的工程量，发包人不予计量。

除专用合同条款另有约定外，应采用总价包干子目的支付分解表形成方式。

（1）工期较短的项目，将总价包干子目的价格按合同约定的计量周期平均；

（2）合同价值不大的项目，按照总价包干子目的价格占签约合同价的百分比，以及各个支付周期内所完成的总价值，以固定百分比方式均摊支付；

（3）实际支付时，由监理人检查核实其实际形象进度，达到支付分解表的要求后，即可支付经批准的每阶段总价包干子目的支付金额。

5. 已完工程量复核

当发、承包双方在合同中未对工程量的复核时间、程序、方法和要求作约定时，按以下规定办理：

（1）发包人应在接到报告后 7 天内按施工图纸（含设计变

更）核对已完工程量，并应在计量前 24 小时通知承包人。如承包人收到通知后不参加计量核对，则由发包人核实的计量应认为是对工程量的正确计量。如发包人未在规定的核对时间内通知承包人，致使承包人未能参加计量核对的，则由发包人所作的计量核实结果无效。如发、承包双方均同意计量结果，则双方应签字确认。

（2）如发包人未在规定的核对时间内进行计量核对，承包人提交的工程计量视为发包人已经认可。

（3）对于承包人超出施工图纸范围或因承包人原因造成返工的工程量，发包人不予计量。

（4）如承包人不同意发包人核实的计量结果，承包人应在收到上述结果后 7 天内向发包人提出，申明承包人认为不正确的详细情况。发包人收到后，应在 2 天内重新核对有关工程量的计量，或予以确认，或将其修改。

发、承包双方认可的核对后的计量结果，应作为支付工程进度款的依据。承包人提交进度款支付申请，注明进度款支付时间。

6. 工程进度款支付

（1）根据确定的工程计量结果，承包人向发包人提出支付工程进度款申请，14 天内，发包人应按不低于工程价款的 60%，不高于工程价款的 90% 向承包人支付工程进度款。按约定时间发包人应扣回的预付款，与工程进度款同期结算抵扣。

（2）发包人超过约定的支付时间不支付工程进度款，承包人应及时向发包人发出要求付款的通知，发包人收到承包人通知后仍不能按要求付款，可与承包人协商签订延期付款协议，经承包人同意后可延期支付，协议应明确延期支付的时间和从工程计量结果确认后第 15 天起计算应付款的利息（利率按同期银行贷款利率计）。

（3）发包人不按合同约定支付工程进度款，双方又未达成延期付款协议，导致施工无法进行，承包人可停止施工，由发包人承担违约责任。

工程完工后，双方应按照约定的合同价款及合同价款调整内容以及索赔事项，进行工程竣工结算。工程款项申请操作实例，详见表7-1、表7-2。

施工业务联系单　　　　　　　　　　　　　　表 7-1

工程名称：×××综合大楼工程　　　　　　　　编号：

事由：关于连廊柱包石材的事宜 原设计连廊四根柱为粉刷后刷外墙乳胶漆，为考虑与外墙石材玻璃幕墙装修风格一致，建议外廊柱修改为干挂石材，材质与外墙石材一致，可否？请批示。 附件：干挂石材费用预算书（费用增加约 25 万元） 申报单位：上海市××建筑工程有限公司 　　　　　　　　　　负责人：×××　　　　日期：2013-11-8	
会签部门	工程监理： 考虑风格一致，建议按照联系单修改。 　　　　　　　签名：×××　　　　日期：2013-11-10
	投资监理： 经审核，如修改为干挂石材，增加费用约 22 万元，具体计算见附件。 　　　　　　　签名：×××　　　　日期：2013-11-15
	项目管理单位： 可以修改，请建设单位审核。 　　　　　　　签名：×××　　　　日期：2013-11-16
建设单位审定意见： 同意在批复概算范围内进行修改。 　　　　　　　　　　负责人：×××　　　　日期：2013-11-18	

注：本表由施工单位填写一式五份，审核后建设单位、项目管理单位、投资监理、工程监理、施工单位各留一份。

工程名称：×××综合大楼工程　　　　　　　编号：

兹申报×××综合大楼工程 2012 年 06 月完成合同项目施工阶段进度款（预付款）总计 1650890 元。请予核准。 附件：1. 预（结）算书三份。 　　　2. 形象进度情况申报表三份。 申报单位：上海市××建筑工程有限公司 　　　　　　　　　　　　　负责人：×××　　　　　日期：2014-6-25		
会签部门	工程监理： 经审核，项目申报施工形象进度符合现场情况。 　　　　　　　　　　签名：×××　　　　　日期：2014-6-27	
	投资监理： 经审核，本期完成工程量为 2520000 万元，根据合同支付 75％，本次可支付 1890000 元，扣除预付款 550000 元，甲供材料款 120000 元，实际本期可支付工程款 1220000 元。 　　　　　　　　　签名：×××　　　　　日期：2014-6-30	
	项目管理单位： 根据投资监理审核工程进度款支付。 　　　　　　　　　签名：×××　　　　　日期：2014-7-1	
建设单位审定意见： 　　根据投资监理审核工程进度款支付。 　　　　　　　　　　　　负责人：×××　　　　　日期：2014-7-2		

注：本表由施工单位填写一式五份，审核后建设单位、项目管理单位、投资监理、工程监理、施工单位各留一份。

7.5　工程变更与合同价调整

施工单位按照合同规定的工期、质量标准和工程价款完成全部合同约定工程内容的阶段。在项目实施阶段，经常出现合同约定工程量发生变化、施工条件、施工工期变化，也可能发包方和承包方在履行合同时出现争议、纠纷。这些情况的出现都将影响约定的合同工期和工程价款，造成合同价款的变更。

7.5.1　工程变更处理原则

对工程变更的估价的处理应遵循以下原则：合同中已有适用的价格，按合同中已有价格确定；合同中有类似的价格，参照类似的价格确定；合同中没有适用或类似的价格，由承包人提出价格，经发包人确认后执行。

7.5.2　工程变更的内容

（1）增减工程承包合同中约定的工程量。施工合同中约定的工程量都是按照施工图纸和国家有关工程量计算规则计算出来的，由于预算编制人员对施工图纸的理解和掌握工程量计算规则水平的不同，不可避免地存在计算偏差，使建设单位在施工招标阶段提供的工程量清单与工程实际不符，造成工程量变更。

（2）变更有关工程建筑装饰材料的规格。标准施工合同中约定的有关工程建筑装饰材料的规格、标准是按照施工图纸或建设单位的要求确定的。在施工过程中常常因当前市场供应的材料规格标准不符合设计要求或是与建设单位的期望效果相差较大，建设单位要求变更有关工程建筑装饰材料的规格、标准，造成合同价款的变更。

（3）增减建设项目的附属工程。在施工合同的实施过程中，建设单位根据资金的筹措情况和规划的调整情况，增减建设项目的附属工程，比如增建变配电房、水泵房等附属工程，从而变更工程价款。

（4）变更有关部分的标高、基线、位置、尺寸和性质。由于勘察设计粗糙或规划调整等原因，需要变更原设计图纸中部分工程的标高、基线、位置、尺寸和性质，从而发生工程价款的变更。

（5）增加工程需要的附加工作。由于建设单位未能预见的施工现场条件和不利的自然条件，承包商在处理这些问题时都会增加额外的工作量，也会发生工程价款的变更。

（6）改变有关工程的施工时间和顺序。由于建设单位的原因引起施工中断和工效降低，或是建设单位供应的设备材料到货时间推迟，以及其他承包商的配合问题引起的施工中断，造成施工时间和施工顺序调整，出现工程价款的变更。

（7）市场主要材料设备价格的调整。目前材料价格风险预测所需的基础资料不够完备，因而施工合同签订时甲乙双方较少采用价格风险包干而多采用主要材料价格动态调整的方式。随着市场材料设备价格的波动，合同承包价格也会相应调整。

7.5.3 工程变更价款的确定

工程变更可能由业主或监理工程师提出，也有可能由承包商提出。大多数工程依然是由业主单位直接对工程变更进行管理。施工合同履行过程中的工程变更，是由于工程建设本身的复杂性决定的，因而要加强工程变更的管理，完善工程变更的申报。

工程变更价款一般由承包方提出，建设单位审核，按照施工合同约定的调整方式进行计算。一般来说工程变更价款按照以下原则确定：

（1）合同中有适用于变更工程的价格，按合同已有的价格计算变更的合同价款。对于工程报价清单中已有的工程内容，在增减该部分工作内容时，按照原有的单价进行调整。但是若工程的工期较长（大于十八个月时），材料价格的风险预测难度较大，这样的情况下对于部分主要材料价格（甲乙双方可事先约定）可以随市场波动进行调整，即采用目前较为普遍的动态管理的办法确定调整价款。另一种情况，虽然合同中有适用于变更工程的价格，但工程量变化太大（较原合同中约定的工程量增减 15％以上），这种就不能简单地按合同中已有的价格计算变更价款，而可以考虑采用预算定额为基础的计价方式，在此基础上适当考虑浮动系数来计算调整价款。

（2）合同中有类似于变更情况的价格，可以此为基础，确定变更价格，变更合同价款。

（3）合同中没有类似和适用的价格，由承包商提出适当的变更价格，由造价工程师审核并报监理工程师和业主批准执行。对于合同中没有类似和适用的价格的情况，一般来说在目前我国的工程造价管理体制下，多采用按照预算定额和相关的计价文件及造价管理部门公布的主要材料价格信息进行计算。若甲乙双方就变更价款不能达成一致意见，则可到工程所在地的造价工程师协会或造价管理站申请调解；若调解不成功，双方亦可提请合同仲裁机构仲裁或向人民法院起诉。

7.5.4 工程变更价款处理

1. 办理工程变更价款的要求

工程变更价款的确定，同工程价格的编制和审核基本相同。所不同的是，由于在施工过程中情况发生某些新的变化，所以应该针对工程变化的特点采取相应的办法来处理工程变更价款。工程变更价款的确定仍应根据原报价方法和合同的约定以及有关规定来办理。

（1）手续应齐全。凡属工程变更，都应该有发包人的盖章及代表人的签字，涉及设计上的变更还应该有设计人盖章和有关人员的签字后才能生效。在确定工程变更价款时，应注意和重视上述手续是否齐全。

（2）资料应详实。工程变更资料应能满足编制工程变更价款的要求。如果资料过于简单，只是例行手续而不能反映工程变更的全部情况，会给编制和确认工程变更价款增加困难。遇到这种情况，应与有关人员联系，重新填写有关记录。

（3）内容应合理。并不是所有的工程变更通知书都可以计算工程变更款。应首先考虑工程变更内容是否符合规定，如已包含在定额子目工作内容中的，则不可重复计算；原报价书已有的项目则不可重复列项；采用综合单价报价的，重点应放在原报价所含的工作内容，同时更应结合合同的有关规定。

（4）办理应及时。工程变更是一个动态过程，工程变更价款的确定应在工程变更发生后规定的时间内办理。一些工程细目在完工后或被覆盖隐蔽在工程内部，不及时办理就会给工程变更价款的确定带来困难。

2. 确定工程变更价款的原则

工程变更发生后，应及时作好工程变更对工程造价增减的调整工作，在合同规定的时间里，先由承包人根据设计变更单洽商记录有关资料提出变更价格，再报发包人或工程师代表批准后调整合同价款。工程变更价款处理的方式：

（1）适用原价格。在中标价、审定的施工图或合同中已有适用于变更的价格时，可用作变更价格变更合同价款。

（2）参照原价格。在中标价、审定的施工图预算或合同中没有与变更工程相同的价格，只有类似于变更工程情况的价格时，应按中标价格、定额价格或合同中类似项目价格为基础，通过适当修正调整后确定为变更价格，变更合同价款。

（3）协商价格。在工程中标价、审定的施工图预算、定额分项、合同价格中均没有可采用的，也没有类似的单价可用于变更价格时，应由承包人编制一次性使用的变更价格，送发包人或工程师代表批准执行。承包人应以客观、公平、公正的态度，实事求是地确定一次性价格，尽可能取得发包人的理解并为之接受。

（4）临时性处理：发包人或工程师代表若不同意承包人提出的变更价格，在承包人提出的变更价格后规定的时间内，承包人

工程变更费用申请单　　　　　　　　　表 7-3

工程名称　×××综合大楼工程　　　　　　　　　编号

变更项目	屋面梁截面变更(设计变更单-土-12)							
申请日期	2012-7-5			要求批复日期		2012-7-19		
变更后的 工程量	项目名称	原设计数量				变更后数量		
		工程量	单位	单价	合计	工程量	单位	单价	合计
	屋面梁 C30	2.35	m³	554.64	1303.40	4.45	m³	554.64	2468.15
						增减费用		1164.75	
变更情况 及理由	根据设计变更单-土-12。							
工料机及工 程增减情况	屋面梁增加工程量 2.1m³，费用增加 1164.75 元。							
施工单位	上海市××建筑工程有限公司			负责人		×××		
填表人	×××			填表日期	2014 年 7 月 5 日			

注：本表由施工单位填写一式五份，审核后建设单位、项目管理单位、投资监理、工程监理、施工单位各留一份。

可提请工程师暂定一个价格进行结算，事后再按约定方式接受解释或进行处理。

（5）争议的解决方式：对解释等其他方式有异议，可采用以下方式解决：向协议条款约定的单位或人员要求调解；向有管辖权的经济合同仲裁机关申请仲裁；向有管辖权的人民法院起诉。

工程变更费用有关实例详见表7-3、表7-4。

工程变更费用批复   表 7-4

工程名称　×××综合大楼工程　　　　　　　编号

工程监理审核意见： 设计变更单-土-12情况属实,增加工程量请投资监理按实计算。 　签名：×××　　　　　　日期：2014-7-7
投资监理审核意见： 屋面梁增加工程量 2.1m³,费用增加 1164.75 元。 　签名：×××　　　　　　日期：2014-7-10
项目管理单位： 同意投资监理审核意见,增加费用 1164.75 元。 　签名：×××　　　　　　日期：2014-7-11
建设单位审定意见： 同意增加费用 1164.75 元。 　负责人：×××　　　　　日期：2014-7-13

注：本表一式五份，审核后建设单位、项目管理单位、投资监理、工程监理、施工单位各留一份。

7.6 承包商工程索赔

7.6.1 工程索赔概念

索赔是工程承包中经常发生的正常现象，由于施工现场条件、气候条件的变化，施工进度、物价的变化，以及合同条款、规范、标准文件和施工图纸的变更、差异、延误等因素的影响，使得工程承包中不可避免地出现索赔。通常情况下，索赔是指承包商（施工单位）在合同实施过程中，对非自身原因造成的工程延期、费用增加而要求业主给予补偿损失的一种权利要求。索赔在一般情况下都可以通过协商方式友好解决，若双方无法达成妥协时，争议可通过仲裁解决。

（1）索赔必须以合同为依据。遇到索赔事件时，必须审查索赔要求的正当性，对合同条件、协议条款等有详细的了解，以合同为依据来公平处理合同双方的利益纠纷。根据我国有关规定，合同文件能互相解释、互为说明，除合同另有约定外，其组成和解释顺序：本合同协议书；中标通知书；投标书及其附件；本合同专用条款；本合同通用条款；标准、规范及有关技术文件；图纸；工程量清单；工程报价单或预算书。

（2）必须注意资料的积累。积累一切可能涉及索赔论证的资料，同施工企业、建设单位研究的技术问题、进度问题和其他重大问题会议应当做好文字记录，并争取会议参加者签字，作为正式文档资料。同时应建立严密的工程日志，承包方对工程师指令的执行情况、抽查试验记录、工序验收记录、计量记录、日进度记录以及每天发生的可能影响到合同协议的事件的具体情况等，同时还应建立业务往来的文件编号档案等业务记录制度，做到处理索赔时以事实和数据为依据。

（3）及时、合理地处理索赔。索赔发生后，必须依据合同的准则及时地对索赔进行处理。将单项索赔在执行过程中陆续加以解决，这样做不仅对承包方有益，同时也体现了处理问题的水平，既维护了业主的利益，又照顾了承包方的实际情况。处理索赔还必须注意双方计算索赔的合理性。

（4）加强索赔的前瞻性，有效避免过多索赔事件的发生。在工程的实施过程中，工程师要将预料到的可能发生的问题及时告诉承包商，避免由于工程返工所造成的工程成本上升，这样也可以减轻承包商的压力，减少其想方设法通过索赔途径弥补工程成本上升所造成的利润损失。另外，在项目实施过程中，应对可能引起的索赔有所预测，及时采取补救措施，避免过多索赔事件的发生。

7.6.2 工程索赔管理

（1）索赔是合同管理的重要环节。索赔和合同管理有直接的联系，合同是索赔的依据。整个索赔处理的过程就是执行合同的过程，从项目开工后，就必须将每日的实施合同的情况与原合同分析，若出现索赔事件，就应当研究是否提出索赔。

（2）索赔有利于建设单位、施工单位双方自身素质和管理水平的提高。工程建设索赔直接关系到建设单位和施工单位的双方利益，索赔和处理索赔的过程实质上是双方管理水平的综合体现。

（3）索赔是合同双方利益的体现。索赔是一种风险费用的转移或再分配，建设单位要通过索赔的处理和解决，保证工程质量和进度，实现合同目标。

（4）索赔是挽回成本损失的重要手段。在合同实施过程中，由于建设项目的主客观条件发生了与原合同不一致的情况，使施工单位的实际工程成本增加，施工单位为了挽回损失，通过索赔加以解决，施工单位必须准确地提供整个工程成本的分析和管理，以便确定挽回损失的数量。

（5）索赔是国际工程建设中非常普遍的做法，掌握运用国际上工程建设管理的通行做法，有利于我国企业工程建设管理水平的提高。

7.6.3 索赔的分类

（1）按照干扰事件分类，可以分为：工期拖延索赔；不可预见的外部障碍或条件索赔；工程变更索赔；工程中止索赔；其他索赔（如物价上涨、建设单位推迟支付工程款引起）等。

（2）按合同类型分类，可以分为：总承包合同索赔；分包合同索赔；合伙合同索赔；劳务合同索赔；其他合同索赔等。

（3）按索赔要求分类，可以分为：工期索赔；费用索赔等。

（4）按索赔起因分类，可以分为：建设单位违约索赔；合同错误索赔；合同变更索赔；工程环境变化索赔；不可抗力因素索赔等。

（5）按索赔的处理方式分类，可以分为：单项索赔；总索赔等。

7.6.4 合同约定索赔

（1）当合同一方向另一方提出索赔时，应有正当的索赔理由和有效证据，并应符合合同的相关约定。

（2）根据合同约定，承包人认为非承包人原因发生的事件造成了承包人的损失，应按下列程序向发包人提出索赔：承包人应在知道或应当知道索赔事件发生后28天内，向发包人提交索赔意向通知书，说明发生索赔事件的事由。承包人逾期未发出索赔意向通知书的，丧失索赔的权利。承包人应在发出索赔意向通知书后28天内，向发包人正式提交索赔通知书。索赔通知书应详细说明索赔理由和要求，并应附必要的记录和证明材料。索赔事件具有连续影响的，承包人应继续提交延续索赔通知，说明连续影响的实际情况和记录。在索赔事件影响结束后的28天内，承包人应向发包人提交最终索赔通知书，说明最终索赔要求，并应附必要的记录和证明材料。

（3）承包人索赔应按下列程序处理：发包人收到承包人的索赔通知书后，应及时查验承包人的记录和证明材料。发包人应在收到索赔通知书或有关索赔的进一步证明材料后的28天内，将索赔处理结果答复承包人，如果发包人逾期未作出答复，视为承包人索赔要求已被发包人认可。承包人接受索赔处理结果的，索赔款项应作为增加合同价款，在当期进度款中进行支付；承包人不接受索赔处理结果的，应按合同约定的争议解决方式办理。

（4）承包人要求赔偿时，可以选择下列一项或几项方式获得赔偿：延长工期；要求发包人支付实际发生的额外费用；要求发包人支付合理的预期利润；要求发包人按合同的约定支付违约金。

（5）当承包人的费用索赔与工期索赔要求相关联时，发包人在作出费用索赔的批准决定时，应结合工程延期，综合作出费用赔偿和工程延期的决定。

（6）发承包双方在按合同约定办理了竣工结算后，应被认为承包人已无权再提出竣工结算前所发生的任何索赔。承包人在提交的最终结清申请中，只限于提出竣工结算后的索赔，提出索赔的期限应自发承包双方最终结清时终止。

（7）根据合同约定，发包人认为由于承包人的原因造成发包人的损失，宜按承包人索赔的程序进行索赔。

（8）发包人要求赔偿时，可以选择下列一项或几项方式获得赔偿；延长质量缺陷修复期限；要求承包人支付实际发生的额外费用；要求承包人按合同的约定支付违约金。

（9）承包人应付给发包人的索赔金额可从拟支付给承包人的合同价款中扣除，或由承包人以其他方式支付给发包人。

7.6.5　施工索赔

1. 发生施工索赔的主要内容

施工单位处理索赔事件，解决索赔争执，出现索赔主要内容包括：

（1）不利的自然条件和障碍引起的索赔：地质条件变化引起的索赔；工程中人为障碍引起的索赔。

（2）工期延长和延误的索赔：建设单位要求延长工期；施工单位要求偿付由于非承包方原因导致工程延误而造成的损失。

（3）因施工中断和工效降低提出的施工索赔：人工费用的增加；设备费用的增加；材料费用的增加。

（4）因工程终止或放弃提出的索赔：盈利损失，其数额是该项目合同条款与完成遗留工程所需花费的差额；补偿损失；包括施工单位在被终止工程上的人工材料设备的全部支出以及各项管理费用的支出（减去已经结算的工程款）。

（5）关于支付方面的索赔：物价上涨引起的索赔；货币贬值导致的索赔；拖延支付工程款的索赔；如果建设单位不按合同中规定的支付工程款的时间期限支付工程款，施工单位可按合同条款向建设单位索赔利息。

2. 工期索赔

在工程施工中，常常会发生一些未能预见的干扰事件使施工不能顺利进行，使预定的施工不能顺利进行，使预定的施工计划受到干扰，造成工期延长，这样，对合同双方都会造成损失。建设单位一般采用解决办法：

（1）不采取加速措施，工程仍按原方案和计划实施，但将合同期顺延；

（2）指定施工单位采取加速措施，以全部或部分弥补已经损失的工期。

工期索赔一般采用分析法进行计算，其主要依据合同规定的总工期计划、进度计划，以及双方共同认可的对工期修改的文件，调整计划和受干扰后实际工程进度记录。

3. 费用索赔

费用索赔都是以补偿实际损失为原则，实际损失包括直接损失和间接损失两个方面，所有干扰事件引起的损失以及这些损失的计算，都应有详细的具体证明，并在索赔报告中出具这些证据。

（1）索赔费用的组成：人工费、材料费、施工机械使用费、分包费用、工地管理费、利息、总包管理费、利润。

（2）索赔费用的计算原则和计算方法。在确定赔偿金额时，应遵循原则：所有赔偿金额，都应该是施工单位为履行合同所必须支出的费用；按此金额赔偿后，应使施工单位恢复到未发生事件前的财务状况。

（3）各个工程项目都可能因具体情况不同而采用不同的索赔金额的方法：

1）总费用法。计算出索赔工程的总费用，减去原合同报价，即得索赔金额。

2）修正的总费用法。原则上与总费用法相同，计算对某些方面相应的修正的内容：计算索赔金额的时期仅限于受事件影响的时段，而不是整个工期；只计算在该时期内受影响项目的费用，而不是全部工作项目的费用；不直接采用原合同报价，而是采用在该时期内如未受事件影响而完成该项目的合理费用。

3）实际费用法。实际费用法即根据索赔事件所造成的损失或成本增加，按费用项目逐项进行分析、计算索赔金额的方法。实际费用法是按每个索赔事件所引起损失的费用项目分别分析计算索赔值的一种方法：分析每个或每类索赔事件所影响的费用项目不得有遗漏，这些费用项目通常应与合同报价中的费用项目一致；计算每个费用项目受索赔事件影响的数值，通过与合同价中的费用价值进行比较即可得到该项费用的索赔值；将各费用项目的索赔值汇总，得到总费用索赔值。

7.6.6 建设工程索赔程序

1. 施工索赔程序

索赔主要程序是施工单位向建设单位提出索赔意向，调查干扰事件，寻找索赔理由和证据，计算索赔值，起草索赔报告，通过谈判、调解或仲裁，最终解决索赔争议。建设单位未能按合同约定履行自己的各项义务或发生错误以及应由建设单位承担的其他情况，造成工期延误和（或）施工单位不能及时得到合同价款及施工单位的其他经济损失，施工单位可按下列程序以书面形式向建设单位索赔：

（1）索赔事件发生 28 天内，各工程师发出索赔意向通知；

（2）发出索赔意向通知后 28 天内，向工程师提出延长工期和（或）补偿经济损失的索赔报告及有关资料；

（3）工程师在收到施工单位送交的索赔报告及有关资料后，于 28 天内给予答复，或要求施工单位进一步补充索赔理由和证据；

（4）工程师在收到施工单位送交的索赔报告和有关资料后 28 天内未予答复或未对施工单位作进一步要求，视为该项索赔已经认可；

（5）当该索赔事件持续进行时，施工单位应当阶段性向工程师发出索赔意向，在索赔事件终了 28 天内，向工程师送交索赔的有关资料和最终索赔报告。

索赔答复程序与（3）、（4）规定相同，建设单位的反索赔的时限与上述规定相同。

2. 索赔的证据

（1）索赔证据的基本要求包括：真实性；全面性；法律证明效力；及时性。

（2）证据的种类包括：招标文件、合同文本及附件；来往文件、签证及更改通知等；各种会谈纪要；施工进度计划和实际施工进度表；施工现场工程文件；工程照片；气象报告；工地交接班记录；建筑材料和设备采购、订货运输使用记录等；市场行情记录；各种会计核算资料；国家法律、法令、政策文件等。

3. 索赔报告

（1）索赔报告的内容，应包括以下四个部分：

1）总论部分。一般包括以下内容：序言；索赔事项概述；应概要地论述索赔事件的发生日期与过程；施工单位为该索赔事件所付出的努力和附加开支；具体索赔要求。总论部分的阐述要简明扼要，说明问题。

2）根据部分。本部分主要是说明自己具有的索赔权利，这是索赔能否成立的关键。根据部分的内容主要来自该工程项目的合同文件，并参照有关法律规定。该部分中应引用合同中的具体条款，说明自己理应获得经济补偿或工期延长。根据部分应包括以下内容：索赔事件的发生情况；已递交索赔意向书的情况；索赔事件的处理过程；索赔要求的合同根据；所附的证据资料。

3）计算部分。索赔计算的目的，是以具体的计算方法和计算过程，说明自己应得经济补偿的款额或延长时间。如果说根据部分的任务是解决索赔能否成立，则计算部分的任务就是决定应得到多少索赔款额和工期。

在款额计算部分，必须阐明下列问题：索赔款的要求总额；各项索赔款的计算，如额外开支的人工费、材料费、管理费和所失利润；指明各项开支的计算依据及证据资料，应注意采用合适的计价方法。

4）证据部分，证据部分包括该索赔事件所涉及的一切证据资料，以及对这些证据的说明。

（2）编写索赔报告的一般要求。索赔报告是具有法律效力的正规的书面文件。编写索赔报告的一般要求：

1）索赔事件应该真实。索赔报告中所提出的干扰事件，必须有可靠的证据证明。对索赔事件的叙述，必须明确、肯定。

2）责任分析应清楚、准确、有根据。索赔报告应仔细分析事件的责任，明确指出索赔所依据的合同条款或法律条文，且说明索赔是完全按照合同规定程序进行的。

3）充分论证事件造成实际损失。索赔报告中应强调由于事件影响，在实施工程中所受到干扰的严重程度，以致工期拖延，费用增加；并充分论证事件影响与实际损失之间的直接因果关系，报告中还应说明为了避免的减轻事件影响和损失已尽了最大的努力，采取了所能采用的措施。

4）索赔计算必须合理、正确。要采用合理的计算方法和数据，正确地计算出应取得的经济补偿款额或工期延长。

（3）文字要精炼、条理要清楚。索赔报告必须简洁明了、条理清楚、结论明确、有逻辑性。索赔证据和索赔值的计算应详细和清晰。

现场签证索赔报审实例，详见表7-5。

现场签证索赔报审表 表7-5

工程名称　×××综合大楼工程　　　　　　　　　　　编号

×××综合大楼工程工程,根据合同条款的规定,由于建设单位的指定造成停工原因,要求索赔金额(人民币)1650000元,请予核准。 索赔金额计算: 木工:35人×45天×120元/天＝189000元; 钢筋工:45人×45天×120元/天＝243000元 泥工:60人×45天×120元/天＝324000元; 60t塔吊:2台×2000元/天台×45天＝180000元 合计 936000元 附件:施工日记45天;建设单位工作指定2份。 申报单位上海市××建筑工程有限公司 　　　　　　　　　　　　　负责人:×××　日期 2013-11-8	
会签部门	工程监理:经审核,停工情况属实,共计停工40天,其中平均每天木工32人、钢筋工40人、泥工55人。 　　　　　　　　　签名:×××　日期:2013-11-10
	投资监理:经与施工单位和项目管理单位协商,因停工补贴施工单位共计费用453000元,明细详见附页。 　　　　　　　　　签名:×××　日期:2013-11-15
	项目管理单位:经投资监理单位和施工单位协调,同意补贴施工单位费用453000元。 　　　　　　　　　签名:×××　日期:2013-11-16
建设单位审定意见:　同意补贴施工单位费用453000元。 　　　　　　　　　　负责人:×××　日期:2013-11-18	

注：本表由施工单位填写一式五份，审核后建设单位、项目管理单位、投资监理、工程监理、施工单位各留一份。

7.7 工程偏差调整

7.7.1 工程量清单数量发生变化

（1）因工程变更引起已标价工程量清单项目或其工程数量发生变化时，应按照下列规定调整：已标价工程量清单中有适用于变更工程项目的，应采用该项目的单价；但当工程变更导致该清单项目的工程数量发生变化，且工程量偏差超过 15% 时，该项目单价应按照规范的规定调整。已标价工程量清单中没有适用但有类似于变更工程项目的，可在合理范围内参照类似项目的单价。已标价工程量清单中没有适用也没有类似于变更工程项目的，应由承包人根据变更工程资料、计量规则和计价办法、工程造价管理机构发布的信息价格和承包人报价浮动率提出变更工程项目的单价，并应报发包人确认后调整。承包人报价浮动率可按下列公式计算：

1）招标工程：承包人报价浮动率 $L = (1 - 中标价/招标控制价) \times 100\%$

2）非招标工程：承包人报价浮动率 $L = (1 - 报价/施工图预算) \times 100\%$

已标价工程量清单中没有适用也没有类似于变更工程项目，且工程造价管理机构发布的信息价格缺价的，应由承包人根据变更工程资料、计量规则、计价办法和通过市场调查等取得有合法依据的市场价格提出变更工程项目的单价，并应报发包人确认后调整。

（2）工程变更引起施工方案改变并使措施项目发生变化时，承包人提出调整措施项目费的，应事先将拟实施的方案提交发包人确认，并应详细说明与原方案措施项目相比的变化情况。拟实施的方案经发承包双方确认后执行，并应按照下列规定调整措施项目费：安全文明施工费应按照实际发生变化的措施项目依据规范的规定计算。采用单价计算的措施项目费，应按照实际发生变化的措施项目，按规范的规定确定单价。按总价（或系数）计算的措施项目费，按照实际发生变化的措施项目调整，但应考虑承包人报价浮动因素，即调整金额按照实际调整金额乘以规范规定的承包人报价浮动率计算。如果承包人未事先将拟实施的方案提交给发包人确认，则应视为工程变更不引起措施项目费的调整或承包人放弃调整措施项目费的权利。

（3）当发包人提出的工程变更因非承包人原因删减了合同中的某项原定工作或工程，致使承包人发生的费用或（和）得到的收益不能被包括在其他已支付或应支付的项目中，也未被包含在任何替代的工作或工程中时，承包人有权提出并应得到合理的费用及利润补偿。

7.7.2 项目特征不符

（1）发包人在招标工程量清单中对项目特征的描述，应被认为是准确的和全面的，并且与实际施工要求相符合。承包人应按照发包人提供的招标工程量清单，根据项目特征描述的内容及有关要求实施合同工程，直到项目被改变为止。

（2）承包人应按照发包人提供的设计图纸实施合同工程，若在合同履行期间出现设计图纸（含设计变更）与招标工程量清单任一项目的特征描述不符，且该变化引起该项目工程造价增减变化的，应按照实际施工的项目特征，按 GB 50500—2013 相关条款的规定重新确定相应工程量清单项目的综合单价，并调整合同价款。

7.7.3 工程量清单缺项

（1）合同履行期间，由于招标工程量清单中缺项，新增分部分项工程清单项目的，应按照 GB 50500—2013 的规定确定单价，并调整合同价款。

（2）新增分部分项工程清单项目后，引起措施项目发生变化的，应按照 GB 50500—2013 的规定，在承包人提交的实施方案被发包人批准后调整合同价款。

（3）由于招标工程量清单中措施项目缺项，承包人应将新增措施项目实施方案提交发包人批准后，按照 GB 50500—2013 的规定调整合同价款。

7.7.4 工程量偏差

（1）合同履行期间，当应予计算的实际工程量与招标工程量清单出现偏差，且符合规范规定时，发承包双方应调整合同价款。

（2）对于任一招标工程量清单项目，当因本节规定的工程量偏差和 7.5 节规定的工程变更等原因导致工程量偏差超过 15％时，可进行调整。当工程量增加 15％以上时，增加部分的工程量的综合单价应予调低；当工程量减少 15％以上时，减少后剩余部分的工程量的综合单价应予调高。

（3）当工程量出现规范的变化，且该变化引起相关措施项目相应发生变化时，按系数或单一总价方式计价的，工程量增加的措施项目费调增，工程量减少的措施项目费调减。

7.7.5 计日工

（1）发包人通知承包人以计日工方式实施的零星工作，承包人应予执行。

（2）采用计日工计价的任何一项变更工作，在该项变更的实施过程中，承包人应按合同约定提交下列报表和有关凭证送发包人复核：工作名称、内容和数量；投入该工作所有人员的姓名、工种、级别和所用工时；投入该工作的材料名称、类别和数量；投入该工作的施工设备型号、台数和耗用台时；发包人要求提交的其他资料和凭证。

（3）任一计日工项目持续进行时，承包人应在该项工作实施结束后的 24 小时内向发包人提交所有计日工记录汇总的现场签证报告一式三份。发包人在收到承包人提交现场签证报告后的 2 天内予以确认并将其中一份返还给承包人，作为计日工计价和支付的依据。发包人逾期未确认也未提出修改意见的，应视为承包人提交的现场签证报告已被发包人认可。

（4）任一计日工项目实施结束后，承包人应按照确认的计日工现场签证报告核实该类项目的工程数量，并应根据核实的工程数量和承包人已标价工程量清单中的计日工单价计算，提出应付价款；已标价工程量清单中没有该类计日工单价的，由发承包双方按规范的规定商定计日工单价计算。

（5）每个支付期末，承包人应按照规范的规定向发包人提交本期间所有计日工记录的签证汇总表，并应说明本期间自己认为有权得到的计日工金额，调整合同价款，列入进度款支付。

7.7.6 物价变化

（1）合同履行期间，因人工、材料、工程设备、机械台班价格波动影响合同价款时，应根据合同约定按规范计算的方法之一调整合同价款。

（2）承包人采购材料和工程设备的，应在合同中约定主要材料、工程设备价格变化的范围或幅度；当没有约定，且材料、工程设备单价变化超过 5% 时，超过部分的价格应按照规范的方法计算调整材料、工程设备费。

（3）发生合同工程工期延误的，应按照下列规定确定合同履行期的价格调整：因非承包人原因导致工期延误的，计划进度日期后续工程的价格，应采用计划进度日期与实际进度日期两者的较高者。因承包人原因导致工期延误的，计划进度日期后续工程的价格，应采用计划进度日期与实际进度日期两者的较低者。

（4）发包人供应材料和工程设备的，不适用规范规定，应由发包人按照实际变化调整，列入合同工程的工程造价内。

7.7.7 暂估价

（1）发包人在招标工程量清单中给定暂估价的材料、工程设备属于依法必须招标的，应由发承包双方以招标的方式选择供应商，确定价格，并应以此为依据取代暂估价，调整合同价款。

（2）发包人在招标工程量清单中给定暂估价的材料、工程设备不属于依法必须招标的，应由承包人按照合同约定采购，经发包人确认单价后取代暂估价，调整合同价款。

（3）发包人在工程量清单中给定暂估价的专业工程不属于依法必须招标的，应按照规范相应条款的规定确定专业工程价款，并应以此为依据取代专业工程暂估价，调整合同价款。

（4）发包人在招标工程量清单中给定暂估价的专业工程，依法必须招标的，应当由发承包双方依法组织招标选择专业分包人，还应符合下列要求：除合同另有约定外，承包人不参加投标的专业工程发包招标，应由承包人作为招标人，但拟定的招标文件、评标工作、评标结果应报送发包人批准。与组织招标工作有关的费用应当被认为已经包括在承包人的签约合同价（投标总报价）中。承包人参加投标的专业工程发包招标，应由发包人作为招标人，与组织招标工作有关的费用由发包人承担。同等条件下，应优先选择承包人中标。应以专业工程发包中标价为依据取代专业工程暂估价，调整合同价款。

7.7.8 合同价款调整

合同价款调整一般规定：

（1）下列事项（但不限于）发生，发承包双方应当按照合同约定调整合同价款：法律法规变化；工程变更；项目特征不符；工程量清单缺项；工程量偏差；计日工；物价变化；暂估价；不可抗力；提前竣工（赶工补偿）；误期赔偿；索赔；现场签证；暂列金额；发承包双方约定的其他调整事项。

（2）出现合同价款调增事项（不含工程量偏差、计日工、现场签证、索赔）后的14天内，承包人应向发包人提交合同价款调增报告并附上相关资料；承包人在14天内未提交合同价款调增报告的，应视为承包人对该事项不存在调整价款请求。

（3）出现合同价款调减事项（不含工程量偏差、索赔）后的14天内，发包人应向承包人提交合同价款调减报告并附相关资料；发包人在14天内未提交合同价款调减报告的，应视为发包人对该事项不存在调整价款请求。

（4）发（承）包人应在收到承（发）包人合同价款调增（减）报告及相关资料之日起14天内对其核实，予以确认的应书面通知承（发）包人。当有疑问时，应向承（发）包人提出协商意见。发（承）包人在收到合同价款调增（减）报告之日起14天内未确认也未提出协商意见的，应视为承（发）包人提交的合同价款调增（减）报告已被发（承）包人认可。发（承）包人提出协商意见的，承（发）包人应在收到协商意见后的14天内对其核实，予以确认的应书面通知发（承）包人。承（发）包人在收到发（承）包人的协商意见后14天内既不确认也未提出不同意见的，应视为发（承）包人提出的意见已被承（发）包人认可。

（5）发包人与承包人对合同价款调整的不同意见不能达成一致的，只要对发承包双方履约不产生实质影响，双方应继续履行合同义务，直到其按照合同约定的争议解决方式得到处理。

（6）经发承包双方确认调整的合同价款，作为追加（减）合同价款，应与工程进度款或结算款同期支付。

7.7.9 法律法规变化

（1）招标工程以投标截止日前28天、非招标工程以合同签订前28天为基准日，其后因国家的法律、法规、规章和政策发生变化引起工程造价增减变化的，发承包双方应按照省级或行业建设主管部门或其授权的工程造价管理机构据此发布的规定调整合同价款。

（2）因承包人原因导致工期延误的，按规范规定的调整时间，在合同工程原定竣工时间之后，合同价款调增的不予调整，合同价款调减的予以调整。

7.7.10 不可抗力

（1）因不可抗力事件导致的人员伤亡、财产损失及其费用增加，发承包双方应按下列原则分别承担并调整合同价款和工期：合同工程本身的损害、因工程损害导致第三方人员伤亡和财产损失以及运至施工场地用于施工的材料和待安装的设备的损害，应由发包人承担；发包人、承包人人员伤亡应由其所在单位负责，并应承担相应费用；承包人的施工机械设备损坏及停工损失，应由承包人承担；停工期间，承包人应发包人要求留在施工场地的必要的管理人员及保卫人员的费用应由发包人承担；工程所需清理、修复费用，应由发包人承担。

（2）不可抗力解除后复工的，若不能按期竣工，应合理延长工期。发包人要求赶工的，赶工费用应由发包人承担。

（3）因不可抗力解除合同的，应按规范的规定办理。

7.7.11　提前竣工（赶工补偿）

（1）招标人应依据相关工程的工期定额合理计算工期，压缩的工期天数不得超过定额工期的 20%，超过者，应在招标文件中明示增加赶工费用。

（2）发包人要求合同工程提前竣工的，应征得承包人同意后与承包人商定采取加快工程进度的措施，并应修订合同工程进度计划。发包人应承担承包人由此增加的提前竣工（赶工补偿）费用。

（3）发承包双方应在合同中约定提前竣工每日历天应补偿额度，此项费用应作为增加合同价款列入竣工结算文件中，应与结算款一并支付。

7.7.12　误期赔偿

（1）承包人未按照合同约定施工，导致实际进度迟于计划进度的，承包人应加快进度，实现合同工期；合同工程发生误期，承包人应赔偿发包人由此造成的损失，并应按照合同约定向发包人支付误期赔偿费。即使承包人支付误期赔偿费，也不能免除承包人按照合同约定应承担的任何责任和应履行的任何义务。

（2）发承包双方应在合同中约定误期赔偿费，并应明确每日历天应赔额度。误期赔偿费应列入竣工结算文件中，并应在结算款中扣除。

（3）在工程竣工之前，合同工程内的某单项（位）工程已通过了竣工验收，且该单项（位）工程接收证一书中表明的竣工日期并未延误，而是合同工程的其他部分产生了工期延误时，误期赔偿费应按照已颁发工程接收证书的单项（位）工程造价占合同价款的比例幅度予以扣减。

7.7.13 现场签证

（1）承包人应发包人要求完成合同以外的零星项目、非承包人责任事件等工作的，发包人应及时以书面形式向承包人发出指令，并应提供所需的相关资料；承包人在收到指令后，应及时向发包人提出现场签证要求。

（2）承包人应在收到发包人指令后的 7 天内向发包人提交现场签证报告，发包人应在收到现场签证报告后的 48 小时内对报告内容进行核实，予以确认或提出修改意见。发包人在收到承包人现场签证报告后的 48 小时内未确认也未提出修改意见的，应视为承包人提交的现场签证报告已被发包人认可。

（3）现场签证的工作如已有相应的计日工单价，现场签证中应列明完成该类项目所需的人工、材料、工程设备和施工机械台班的数量。如现场签证的工作没有相应的计日工单价，应在现场签证报告中列明完成该签证工作所需的人工、材料设备和施工机械台班的数量及单价。

（4）合同工程发生现场签证事项，未经发包人签证确认，承包人便擅自施工的，除非征得发包人书面同意，否则发生的费用应由承包人承担。

（5）现场签证工作完成后的 7 天内，承包人应按照现场签证内容计算价款，报送发包人确认后，作为增加合同价款，与进度款同期支付。

（6）在施工过程中，当发现合同工程内容因场地条件、地质水文、发包人要求等不一致时，承包人应提供所需的相关资料，并提交发包人签证认可，作为合同价款调整的依据。

7.7.14 暂列金额

（1）已签约合同价中的暂列金额应由发包人掌握使用。

（2）发包人按照规范的规定支付后，暂列金额余额应归发包人所有。

工程未计价设备材料单价会签单实例，详见表 7-6。

工程名称：×××综合大楼工程 编号：

	兹申报有关 屋面防水卷材 设备(材料)的单价申请,请各有关会签部门予以核准(具体内容附后)。 申请单位:上海市××建筑工程有限公司 负责人:××× 日期:2014-6-5
会签部门	工程监理:报送材料性能符合设计要求。 签名:××× 日期:2014-6-7
	投资监理:经审核单价详见附表审核栏。 签名:××× 日期:2014-6-10
	项目管理单位:同意投资监理单位核定单价。 签名:××× 日期:2014-6-12
	建设单位审定意见:同意投资监理单位核定单价。 负责人:××× 日期:2014-6-14

本表由施工单位填写一式五份,审核后建设单位、项目管理单位、投资监理、工程监理、施工单位各留一份。

7.8 工程价款结算

7.8.1 竣工结算基本概念

1. 工程结算

（1）工程结算的编制或审查应以工程发承包合同为依据,建设项目、单项工程、单位工程或专业工程施工已完工、结束、中止,经发包人或有关机构验收合格且点交后,按照施工发承包合同的约定,由承包人在原合同价格基础上编制调整价格并提交发包人审核确认后的工程价格。它是表达该工程最终工程造价和结算工程价款依据的经济文件,包括:竣工结算、分阶段结算、专业分包结算和合同中止结算。

（2）竣工结算:建设项目完工并经验收合格后,对所完成的建设项目进行的全面的工程结算。

（3）分阶段结算：在签订的施工发承包合同中，按工程特征划分为不同阶段实施和结算。该阶段合同工作内容已完成，经发包人或有关机构中间验收合格后，由承包人在原合同分阶段的价格基础上编制调整价格并提交发包人审核签认的工程价格，它是表达该工程不同阶段造价和工程价款结算依据的工程中间结算文件。

（4）专业分包结算：在签订的施工承发包合同或由发包人直接签订的分包工程合同中，按工程专业特征分类实施分包和结算。分包合同工作内容已完成，经总包人、发包人或有关机构对专业内容验收合格后，按照合同的约定，由分包人在原合同价格基础上编制调整价格并提交总包人、发包人审核签认的工程价格，它是表达该专业分包工程造价和工程价款结算依据的工程分包结算文件。

（5）合同中止结算：工程实施过程中合同中止，对施工承发包合同中已完成且经验收合格的工程内容，经发包人、总包人或有关机构点交后，由承包人在原合同价格或合同约定的定价条款，参照有关计价规定编制合同中止价格，提交发包人或总包人审核签认的工程价格，它是表达该工程合同中止后已完成工程内容的造价和工程价款结算依据的工程经济文件。

2. 结算编制格式

（1）结算编制和审查委托人：委托他人编制工程结算的总包人或分包人；委托他人审查工程结算的发包人或投资人；接受结算编制人或结算审查人的委托，承担结算编制或结算审查的工程造价咨询单位。

（2）结算编制或审查的内部审核制度：结算编制或审查受托人在编制或审查结算时，由工程造价咨询单位从事该项目工作的编制人、校对人和审核人分别署名盖章确认，以保障咨询服务成果文件的质量而建立的内部审核制度。

（3）结算审查对比表：在结算审查时，按照结算的内容，分列出工程子目的序号、项目编码或定额编号、项目名称、计量单位、数量、单价、合价、总价和核增核减等内容，与结算内容进行比对，全面、真实反映结算审查情况的表格。

（4）结算审定签署表：工程造价结算审查完成后，由结算审查委托人、结算编制人和结算审查受托人以及建设单位共同签字盖章，正式确定最终具有法律效力的工程结算文件。

结算编制文件组成：工程结算文件一般由工程结算汇总表、单项工程结算汇总表、单位工程结算汇总表和分部分项（措施、其他、零星）工程结算表及结算编制说明等组成。工程结算汇总表、单项工程结算汇总表、单位工程结算汇总表应当按表格所规定的内容详细编制，详见表 7-7～表 7-10。工程结算编制说明可根据委托工程的实际情况，以单位工程、单项工程或建设项目为对象进行编制，并应说明以下内容：工程概况；编制范围；编制依据；编制方法；有关材料、设备、参数和费用说明；其他有关问题的说明。

工程结算汇总表　　　　　　　　　　　表 7-7

工程名称：

序号	单项工程名称	金额(元)	备注
	合计		

编制人：　　　　　　　审核人：　　　　　　　审定人：

单项工程结算汇总表　　　　　　　　　表 7-8

工程名称：

序号	单位工程名称	金额(元)	备注
	合计		

编制人：　　　　　　　审核人：　　　　　　　审定人：

178

单位工程结算汇总   表 7-9

工程名称：

序号	单项工程名称	金额(元)	备注
1	分部分项工程费合计		
2	措施项目费合计		
3	其他项目费合计		
4	零星项目费合计		
	合计		

编制人：   审核人：   审定人：

分部分项（措施、其他、零星）工程结算表   表 7-10

工程名称：

序号	项目编码	项目名称	计量单位	工程数量	单价	合价	备注
	合计						

编制人：   审核人：   审定人：

　　工程结算文件提交时，应当同时提供与工程结算相关的附件，包括所依据的发承包合同调整条款、设计变更、工程洽商、材料及设备定价单、调价后的单价分析表等与工程结算相关的书面证明材料。结算审查文件组成：工程结算审查文件一般由工程结算审查报告、结算审定签署表、工程结算审查汇总对比表、分部分项（措施、其他、零星）工程结算审查对比表以及结算内容审查说明等组成，详见表7-11～表7-15。

结算审定签署表 表 7-11

工程名称			工程地址		
发包人单位			承包人单位		
委托合同书编号			审定日期		
报审结算造价			调整金额（＋、－）		
审定结算造价	大写			小写	
委托单位（签章）	建设单位（签章）	承包单位（签章）	审查单位（签章）		
代表人（签章、字）	代表人（签章、字）	代表人（签章、字）	代表人（签章、字） 技术负责人（执业章）		

工程结算审查汇总对比表 表 7-12

项目名称：

序号	单项工程名称	报审结算金额	审定结算金额	调整金额	备注
	合计				

编制人： 审核人： 审定人：

单项工程结算审查汇总对比表 表 7-13

单项工程名称：

序号	单位工程名称	报审结算金额	审定结算金额	调整金额	备注
	合计				

编制人： 审核人： 审定人：

单位工程结算审查汇总对比表 表 7-14

单位工程名称：

序号	单位工程名称	报审结算金额	审定结算金额	调整金额	备注
1	分部分项工程费合计				
2	措施项目费合计				
3	其他项目费合计				
4	零星项目费合计				
	合计				

编制人： 审核人： 审定人：

分部分项（措施、其他、零星）工程结算审查对比表

表 7-15

序号	项目名称	结算报审金额					结算审定金额					整金额	备注
		项目编号	单位	数量	单价	合价	项目编号	单位	数量	单价	合价		
	合计												

编制人：　　　　　　　审核人：　　　　　　　审定人：

7.8.2 结算编制文件组成

（1）工程结算文件一般由工程结算汇总表、单项工程结算汇总表、单位工程结算表和分部分项（措施、其他、零星）工程结算表及结算编制说明等组成。工程结算汇总表、单项工程结算汇总表、单位工程结算表应当按表格所规定的内容详细编制。

（2）工程结算编制说明可根据委托工程的实际情况，以单位工程、单项工程或建设项目为对象进行编制，并应说明以下内容：工程概况；编制范围；编制依据；编制方法；有关材料、设备、参数和费用说明；其他有关问题的说明。

（3）工程结算文件提交时，受托人应当同时提供与工程结算相关的附件，包括所依据的发承包合同调价条款、设计变更、工程洽商、材料及设备定价单、调价后的单价分析表等与工程结算相关的书面证明材料。

7.8.3 结算审查文件组成

（1）工程结算审查文件一般由工程结算审查报告、结算审定签署表、工程结算审查汇总对比表、单项工程结算审查汇总对比表、单位工程结算审查汇总对比表、分部分项（措施、其他、零星）工程结算审查对比表以及结算内容审查说明等组成。

（2）工程结算审查报告可根据该委托工程项目的实际情况，以单位工程、单项工程或建设项目为对象进行编制，并应说明以下内容：概述；审查范围；审查原则；审查依据；审查方法；审查程序；审查结果；主要问题；有关建议。

（3）结算审定签署表由结算审查受托人填制，并由结算审查委托单位、结算编制人和结算审查受托人签字盖章，当结算审查委托人与建设单位不一致时，按工程造价咨询合同要求或结算审查委托人的要求，确定是否增加建设单位在结算审定签署表上签字盖章。工程结算审查汇总对比表、单项工程结算审查汇总对比表、单位工程结算审查汇总对比表应当按表格所规定的内容详细编制。

（4）结算内容审查说明应阐述以下内容：主要工程子目调整的说明；工程数量增减变化较大的说明；子目单价、材料、设备、参数和费用有重大变化的说明；其他有关问题的说明。

7.8.4 工程结算的编制

1. 编制依据

工程结算编制依据：国家有关法律、法规、规章制度和相关的司法解释；国务院建设行政主管部门以及各省、自治区、直辖市和有关部门发布的工程造价计价标准、计价办法、有关规定及相关解释；施工发承包合同、专业分包合同及补充合同，有关材料、设备采购合同；招投标文件，包括招标答疑文件、投标承诺、中标报价书及其组成内容；工程竣工图或施工图、施工图会审记录，经批准的施工组织设计，以及设计变更、工程洽商和相关会议纪要；经批准的开、竣工报告或停工、复工报告；建设工程工程量清单计价规范或工程预算定额、费用定额及价格信息、调价规定等；工程预算书；影响工程造价的相关资料；结算编制委托合同。

2. 编制要求

（1）工程结算一般经过发包人或有关单位验收合格且点交后方可进行。工程结算应以施工发承包合同为基础，按合同约定的工程价款调整方式对原合同价款进行调整。工程结算应核查设计变更、工程洽商等工程资料的合法性、有效性、真实性和完整性。对有疑义的工程实体项目，应视现场条件和实际需要核查隐蔽工程。

（2）建设项目由多个单项工程或单位工程构成的，应按建设项目划分标准的规定，将各单项工程或单位工程竣工结算汇总，编制相应的工程结算书，并撰写编制说明。工程结算编制应采用书面形式，有电子文本要求的应一并报送与书面形式内容一致的电子版本。工程结算应严格按工程结算编制程序进行编制，做到程序化、规范化、结算资料必须完整。

（3）实行分阶段结算的工程，应将各阶段工程结算汇总，编制工程结算书，并撰写编制说明。实行专业分包结算的工程，应将各专业分包结算汇总在相应的单位工程或单项工程结算内，并撰写编制说明。

3. 编制程序

工程结算应按准备、编制和定稿三个工作阶段进行，并实行编制人、校对人和审核人分别署名盖章确认的内部审核制度。

（1）结算编制准备阶段：收集与工程结算编制相关的原始资料；熟悉工程结算资料内容，进行分类、归纳、整理；召集相关单位或部门的有关人员参加工程结算预备会议，对结算内容和结算资料进行核对与充实完善；收集建设期内影响合同价格的法律和政策性文件。

（2）结算编制阶段：根据竣工图及施工图以及施工组织设计对需要调整的工程项目进行观察、对照、必要的现场实测和计算；按既定的工程量计算规则计算需调整的分部分项、施工措施或其他项目工程量；按招标文件、施工发承包合同规定的计价原则和计价办法对分部分项、施工措施或其他项目进行计价；对于工程量清单或定额缺项以及采用新材料、新设备、新工艺的，应根据施工过程中的合理消耗和市场价格，编制综合单价或单位估价分析表；汇总计算工程费用，包括编制分部分项费、施工措施项目费、其他项目费、零星工作项目费或直接费、间接费、利润和税金等表格，初步确定工程结算价格；编写编制说明；计算主要技术经济指标；提交结算编制的初步成果文件待校对、审核。

（3）结算编制定稿阶段：由结算编制单位的部门负责人对初

步成果文件进行检查、校对；由结算编制单位的主管负责人审核批准；提交经编制人、校对人、审核人和单位盖章确认的正式结算编制文件。

4. 编制方法

（1）采用总价合同的，应在合同价基础上对设计变更、工程洽商以及工程索赔等合同约定可以调整的内容进行调整；

（2）采用单价合同的，应计算或核定竣工图或施工图以内的各个分部分项工程量，依据合同约定的方式确定分部分项工程项目价格，并对设计变更、工程洽商、施工措施以及工程索赔等内容进行调整；

（3）采用成本加酬金合同的，应依据合同约定的方法计算各个分部分项工程以及设计变更、工程洽商、施工措施等内容的工程成本，并计算酬金及有关税费；

（4）工程结算中涉及工程单价调整时，应当遵循以下原则：

1）合同中已有适用于变更工程、新增工程单价的，按已有的单价结算；

2）合同中有类似变更工程、新增工程单价的，可以参照类似单价作为结算依据；

3）合同中没有适用或类似变更工程、新增工程单价的，结算编制受托人可商洽承包人或发包人提出适当的价格，经对方确认后作为结算依据。

（5）工程结算编制中涉及的工程单价应按合同要求分别采用综合单价或工料单价。工程量清单计价的工程项目应采用综合单价；定额计价的工程项目可采用工料单价。

1）综合单价。把分部分项工程单价综合成全费用单价，其内容包括直接费（直接工程费和措施费）、间接费、利润和税金，经综合计算后生成。各分项工程量乘以综合单价的合价汇总后，生成工程结算价。

2）工料单价。把分部分项工程量乘以单价形成直接工程费，加上按规定标准计算的措施费，构成直接费。直接工程费由人工、材料、机械的消耗量及其相应价格确定。直接费汇总后另计算间接费、利润、税金，生成工程结算价。

5. 编制内容

（1）工程结算采用工程量清单计价的应包括：工程项目的所有分部分项工程量，以及实施工程项目采用的措施项目工程量；为完成所有工程量并按规定计算的人工费、材料费和设备费、机械费、间接费、利润和税金；分部分项和措施项目以外的其他项目所需计算的各项费用。

（2）工程结算采用定额计价的应包括：套用定额的分部分项工程量、措施项目工程量和其他项目，以及为完成所有工程量和其他项目并按规定计算的人工费、材料费和设备费、机械费、间接费、利润和税金。

（3）采用工程量清单或定额计价的工程结算还应包括：设计变更和工程变更费用；索赔费用；合同约定的其他费用。

6. 编制时效

结算编制受托人应与委托人在咨询服务委托合同内约定结算编制工作的所需时间，并在约定的期限内完成工程结算编制工作。合同未作约定或约定不明的，结算编制受托人应参照结算审查时效的有关规定，在规定的期限内完成工程结算编制工作。结算编制受托人未在合同约定或规定期限内完成，且无正当理由延期的，应当承担违约责任。

7. 编制的成果文件形式

（1）工程结算成果文件的形式：工程结算书封面，包括工程名称、编制单位和印章、日期等；签署页，包括工程名称、编制人、审核人、审定人姓名和执业（从业）印章、单位负责人印章（或签字）等；目录；工程结算编制说明；工程结算相关表式；必要的附件。

（2）工程结算相关表式：工程结算汇总表；单项工程结算汇总表；单位工程结算汇总表；分部分项（措施、其他、零星）结算汇总表；必要的相关表格。结算编制受托人应向结算编制委托人及时递交完整的工程结算成果文件。

7.9 竣工结算与支付

7.9.1 一般规定

（1）工程完工后，发承包双方必须在合同约定时间内办理工程竣工结算。工程竣工结算应由承包人或受其委托具有相应资质的工程造价咨询人编制，并应由发包人或受其委托具有相应资质的工程造价咨询人核对。

（2）当发承包双方或一方对工程造价咨询人出具的竣工结算文件有异议时，可向工程造价管理机构投诉，申请对其进行执业质量鉴定。工程造价管理机构对投诉的竣工结算文件进行质量鉴定，宜按 GB 50500—2013 的相关规定进行。

（3）竣工结算办理完毕，发包人应将竣工结算文件报送工程所在地或有该工程管辖权的行业管理部门的工程造价管理机构备案，竣工结算文件应作为工程竣工验收备案、交付使用的必备文件。

7.9.2 编制与复核

（1）工程竣工结算应根据下列依据编制和复核：规范；工程合同；发承包双方实施过程中已确认的工程量及其结算的合同价款；发承包双方实施过程中已确认调整后追加（减）的合同价款；建设工程设计文件及相关资料；投标文件；其他依据。

（2）分部分项工程和措施项目中的单价项目应依据发承包双方确认的工程量与已标价工程量清单的综合单价计算；发生调整的，应以发承包双方确认调整的综合单价计算；措施项目中的总价项目应依据已标价工程量清单的项目和金额计算；发生调整的，应以发承包双方确认调整的金额计算，其中安全文明施工费应按 GB 50500—2013 的规定计算。

（3）其他项目应按下列规定计价：计日工需按发包人实际签证确认的事项计算；暂估价应按 GB 50500—2013 的规定计算；

总承包服务费应依据已标价工程量清单金额计算；发生调整的，应以发承包双方确认调整的金额计算；索赔费用应依据发承包双方确认的索赔事项和金额计算；现场签证费用应依据发承包双方签证资料确认的金额计算；暂列金额应减去合同价款调整（包括索赔、现场签证）金额计算，如有余额归发包人。

（4）规费和税金应按 GB 50500—2013 的规定计算。规费中的工程排污费应按工程所在地环境保护部门规定的标准缴纳后按实列入。发承包双方在合同工程实施过程中已经确认的工程计量结果和合同价款，在竣工结算办理中应直接进入结算。

7.9.3 竣工结算

（1）合同工程完工后，承包人应在经发承包双方确认的合同工程期中价款结算的基础上汇总编制完成竣工结算文件，应在提交竣工验收申请的同时向发包人提交竣工结算文件。承包人未在合同约定的时间内提交竣工结算文件，经发包人催告后 14 天内仍未提交或没有明确答复的，发包人有权根据已有资料编制竣工结算文件，作为办理竣工结算和支付结算款的依据，承包人应予以认可。

（2）发包人应在收到承包人提交的竣工结算文件后的 28 天内核对。发包人经核实，认为承包人还应进一步补充资料和修改结算文件，应在上述时限内向承包人提出核实意见，承包人在收到核实意见后的 28 天内应按照发包人提出的合理要求补充资料，修改竣工结算文件，并应再次提交给发包人复核后批准。

（3）发包人应在收到承包人再次提交的竣工结算文件后的 28 天内予以复核，将复核结果通知承包人，并应遵守下列规定：发包人、承包人对复核结果无异议的，应在 7 天内在竣工结算文件上签字确认，竣工结算办理完毕；发包人或承包人对复核结果认为有误的，无异议部分按照本条第（1）款规定办理不完全竣工结算；有异议部分由发承包双方协商解决；协商不成的，应按照合同约定的争议解决方式处理。

（4）发包人在收到承包人竣工结算文件后的 28 天内，不核对竣工结算或未提出核对意见的，应视为承包人提交的竣工结算文件已被发包人认可，竣工结算办理完毕。承包人在收到发包人提出的核实意见后的 28 天内，不确认也未提出异议的，应视为发包人提出的核实意见已被承包人认可，竣工结算办理完毕。

（5）发包人委托工程造价咨询人核对竣工结算的，工程造价咨询人应在 28 天内核对完毕，核对结论与承包人竣工结算文件不一致的，应提交给承包人复核；承包人应在 14 天内将同意核对结论或不同意见的说明提交工程造价咨询人。工程造价咨询人收到承包人提出的异议后，应再次复核，复核无异议的，应按规范的规定办理，复核后仍有异议的，由发承包双方协商解决，协商不成的，应按合同约定争议方式解决。承包人逾期未提出书面异议的，应视为工程造价咨询人核对的竣工结算文件已经承包人认可。对发包人或发包人委托的工程造价咨询人指派的专业人员与承包人指派的专业人员经核对后无异议并签名确认的竣工结算文件，除非发承包人能提出具体、详细的不同意见，发承包人都应在竣工结算文件上签名确认，如其中一方拒不签认的，按下列规定办理：若发包人拒不签认的，承包人可不提供竣工验收备案资料，并有权拒绝与发包人或其上级部门委托的工程造价咨询人重新核对竣工结算文件；若承包人拒不签认的，发包人要求办理竣工验收备案的，承包人不得拒绝提供竣工验收资料，否则，由此造成的损失，承包人承担相应责任。

（6）合同工程竣工结算核对完成，发承包双方签字确认后，发包人不得要求承包人与另一个或多个工程造价咨询人重复核对竣工结算。发包人对工程质量有异议，拒绝办理工程竣工结算的，已竣工验收或已竣工未验收但实际投入使用的工程，其质量争议应按该工程保修合同执行，竣工结算应按合同约定办理；已竣工未验收且未实际投入使用的工程以及停工、停建工程的质量争议，双方应就有争议的部分委托有资质的检测鉴定机构进行检测，并应根据检测结果确定解决方案，或按工程质量监督机构的处理决定执行后办理竣工结算，无争议部分的竣工结算应按合同约定办理。

7.9.4 工程竣工结算方式

工程竣工结算分为单位工程竣工结算、单项工程竣工结算和建设项目竣工总结算。其竣工结算编审:

(1) 单位工程竣工结算由承包人编制,发包人审查;实行总承包的工程,由具体承包人编制,在总包人审查的基础上,发包人审查。

(2) 单项工程竣工结算或建设项目竣工总结算由总(承)包人编制,发包人可直接进行审查,也可以委托具有相应资质的工程造价咨询机构进行审查。政府投资项目,由同级财政部门审查。单项工程竣工结算或建设项目竣工总结算经发、承包人签字盖章后有效。

(3) 承包人应在合同约定期限内完成项目竣工结算编制工作,未在规定期限内完成的并且提不出正当理由延期的,责任自负。

7.9.5 工程竣工结算和审查期限 (详见表7-16)

(1) 竣工结算审查期限。单项工程竣工后,承包人应在提交竣工验收报告的同时,向发包人递交竣工结算报告及完整的结算资料,发包人应按以下规定时限进行核对(审查)并提出审查意见。

工程竣工结算审查期限 表7-16

序号	工程竣工结算报告金额	审查时间
1	500万元以下	从接到竣工结算报告和完整的竣工结算资料之日起20天
2	500万元~2000万元	从接到竣工结算报告和完整的竣工结算资料之日起30天
3	2000万元~5000万元	从接到竣工结算报告和完整的竣工结算资料之日起45天
4	5000万元以上	从接到竣工结算报告和完整的竣工结算资料之日起60天

建设项目竣工总结算在最后一个单项工程竣工结算审查确认后15天内汇总,送发包人后30天内审查完成。

(2) 索赔价款结算。发承包人未能按合同约定履行自己的各项义务或发生错误，给另一方造成经济损失的，由受损方按合同约定提出索赔，索赔金额按合同约定支付。

（3）合同以外零星项目工程价款结算。发包人要求承包人完成合同以外零星项目，承包人应在接受发包人要求的 7 天内就用工数量和单价、机械台班数量和单价、使用材料和金额等向发包人提出施工签证，发包人签证后施工，如发包人未签证，承包人施工后发生争议的，责任由承包人自负。

（4）发包人和承包人要加强施工现场的造价控制，及时对工程合同外的事项如实记录并履行书面手续。凡由发、承包双方授权的现场代表签字的现场签证以及发、承包双方协商确定的索赔等费用，应在工程竣工结算中如实办理，不得因发、承包双方现场代表的中途变更改变其有效性。

（5）发包人收到竣工结算报告及完整的结算资料后，在本办法规定或合同约定期限内，对结算报告及资料没有提出意见，则视同认可。

（6）承包人如未在规定时间内提供完整的工程竣工结算资料，经发包人催促后 14 天内仍未提供或没有明确答复，发包人有权根据已有资料进行审查，责任由承包人自负。

（7）根据确认的竣工结算报告，承包人向发包人申请支付工程竣工结算款。发包人应在收到申请后 15 天内支付结算款，到期没有支付的应承担违约责任。承包人可以催告发包人支付结算价款，如达成延期支付协议，承包人应按同期银行贷款利率支付拖欠工程价款的利息；如未达成延期支付协议，承包人可以与发包人协商将该工程折价，或申请人民法院将该工程依法拍卖，承包人就该工程折价或者拍卖的价款优先受偿。

（8）工程竣工结算以合同工期为准，实际施工工期比合同工期提前或延后，发、承包双方应按合同约定的奖惩办法执行。

7.9.6 结算款支付

（1）承包人应根据办理的竣工结算文件向发包人提交竣工结算款支付申请。申请应包括下列内容：竣工结算合同价款总额；

累计已实际支付的合同价款；应预留的质量保证金；实际应支付的竣工结算款金额。

（2）发包人应在收到承包人提交竣工结算款支付申请后7天内予以核实，向承包人签发竣工结算支付证书。发包人签发竣工结算支付证书后的14天内，应按照竣工结算支付证书列明的金额向承包人支付结算款。发包人在收到承包人提交的竣工结算款支付申请后7天内不予核实，不向承包人签发竣工结算支付证书的，视为承包人的竣工结算款支付申请已被发包人认可；发包人应在收到承包人提交的竣工结算款支付申请7天后的14天内，按照承包人提交的竣工结算款支付申请列明的金额向承包人支付结算款。

（3）发包人未按照规范规定支付竣工结算款的，承包人可催告发包人支付，并有权获得延迟支付的利息。发包人在竣工结算支付证书签发后或者在收到承包人提交的竣工结算款支付申请7天后的56天内仍未支付的，除法律另有规定外，承包人可与发包人协商将该工程折价，也可直接向人民法院申请将该工程依法拍卖。承包人应就该工程折价或拍卖的价款优先受偿。

7.9.7 最终结清

（1）缺陷责任期终止后，承包人应按照合同约定向发包人提交最终结清支付申请。发包人对最终结清支付申请有异议的，有权要求承包人进行修正和提供补充资料。承包人修正后，应再次向发包人提交修正后的最终结清支付申请。

（2）发包人应在收到最终结清支付申请后的14天内予以核实，并应向承包人签发最终结清支付证书。发包人应在签发最终结清支付证书后的14天内，按照最终结清支付证书列明的金额向承包人支付最终结清款。发包人未在约定的时间内核实，又未提出具体意见的，应视为承包人提交的最终结清支付申请已被发包人认可。发包人未按期最终结清支付的，承包人可催告发包人支付，并有权获得延迟支付的利息。

（3）最终结清时，承包人被预留的质量保证金不足以抵减发包人工程缺陷修复费用的，承包人应承担补替部分的补偿责任。承包人对发包人支付的最终结清款有异议的，应按照合同约定的争议解决方式处理。

7.9.8 合同解除的价款结算与支付

（1）发承包双方协商一致解除合同的，应按照达成的协议办理结算和支付合同价款。由于不可抗力致使合同无法履行解除合同的，发包人应向承包人支付合同解除之日前已完成工程但尚未支付的合同价款，此外，还应支付下列金额：规范规定的由发包人承担的费用；已实施或部分实施的措施项目应付价款；承包人为合同工程合理订购且已交付的材料和工程设备货款；承包人撤离现场所需的合理费用，包括员工遣送费和临时工程拆除、施工设备运离现场的费用；承包人为完成合同工程而预期开支的任何合理费用，且该项费用未包括在本款其他各项支付之内。发承包双方办理结算合同价款时，应扣除合同解除之日前发包人应向承包人收回的价款。当发包人应扣除的金额超过了应支付的金额，承包人应在合同解除后的56天内将其差额退还给发包人。

（2）因承包人违约解除合同的，发包人应暂停向承包人支付任何价款。发包人应在合同解除后28天内核实合同解除时承包人已完成的全部合同价款以及按施工进度计划已运至现场的材料和工程设备货款，按合同约定核算承包人应支付的违约金以及造成损失的索赔金额，并将结果通知承包人。发承包双方应在28天内予以确认或提出意见，并应办理结算合同价款。如果发包人应扣除的金额超过了应支付的金额，承包人应在合同解除后的56天内将其差额退还给发包人。发承包双方不能就解除合同后的结算达成一致的，按照合同约定的争议解决方式处理。

（3）因发包人违约解除合同的，发包人除应按照规范的规定向承包人支付各项价款外，应按合同约定核算发包人应支付的违约金以及给承包人造成损失或损害的索赔金额费用。该笔费用应由承包人提出，发包人核实后应与承包人协商确定后的7天内向承包人签发支付证书。协商不能达成一致的，应按照合同约定的争议解决方式处理。

7.10 工程造价争议的解决

7.10.1 工程价款结算争议处理

（1）工程造价咨询机构接受发包人或承包人委托，编审工程竣工结算，应按合同约定和实际履约事项认真办理，出具的竣工结算报告经发、承包双方签字后生效。当事人一方对报告有异议的，可对工程结算中有异议部分，向有关部门申请咨询后协商处理，若不能达成一致的，双方可按合同约定的争议或纠纷解决程序办理。

（2）发包人对工程质量有异议，已竣工验收或已竣工未验收但实际投入使用的工程，其质量争议按该工程保修合同执行；已竣工未验收且未实际投入使用的工程以及停工、停建工程的质量争议，应当就有争议部分的竣工结算暂缓办理，双方可就有争议的工程委托有资质的检测鉴定机构进行检测，根据检测结果确定解决方案，或按工程质量监督机构的处理决定执行，其余部分的竣工结算依照约定办理。

7.10.2 监理或造价工程师暂定结果

（1）若发包人和承包人之间就工程质量、进度、价款支付与扣除、工期延期、索赔、价款调整等发生任何法律上、经济上或技术上的争议，首先应根据已签约合同的规定，提交合同约定职责范围内的总监理工程师或造价工程师解决，并应抄送另一方。总监理工程师或造价工程师在收到此提交件后 14 天内应将暂定结果通知发包人和承包人。发承包双方对暂定结果认可的，应以书面形式予以确认，暂定结果成为最终决定。

（2）发承包双方在收到总监理工程师或造价工程师的暂定结果通知之后的 14 天内未对暂定结果予以确认也未提出不同意见的，应视为发承包双方已认可该暂定结果。

（3）发承包双方或一方不同意暂定结果的，应以书面形式向总监理工程师或造价工程师提出，说明自己认为正确的结果，同时抄送另一方，此时该暂定结果成为争议。在暂定结果对发承包双方当事人履约不产生实质影响的前提下，发承包双方应实施该结果，直到按照发承包双方认可的争议解决办法被改变为止。

7.10.3　管理机构的解释或认定

（1）合同价款争议发生后，发承包双方可就工程计价依据的争议以书面形式提请工程造价管理机构对争议以书面文件进行解释或认定。工程造价管理机构应在收到申请的 10 个工作日内就发承包双方提请的争议问题进行解释或认定。

（2）发承包双方或一方在收到工程造价管理机构书面解释或认定后仍可按照合同约定的争议解决方式提请仲裁或诉讼。除工程造价管理机构的上级管理部门作出了不同的解释或认定，或在仲裁裁决或法院判决中不予采信的外，工程造价管理机构作出的书面解释或认定应为最终结果，并应对发承包双方均有约束力。

7.10.4　协商和解

合同价款争议发生后，发承包双方任何时候都可以进行协商。协商达成一致的，双方应签订书面和解协议，和解协议对发承包双方均有约束力。如果协商不能达成一致协议，发包人或承包人都可以按合同约定的其他方式解决争议。

7.10.5　调解

（1）发承包双方应在合同中约定或在合同签订后共同约定争议调解人，负责双方在合同履行过程中发生争议的调解。合同履行期间，发承包双方可协议调换或终止任何调解人，但发包人或承包人都不能单独采取行动。除非双方另有协议，在最终结清支付证书生效后，调解人的任期应即终止。

（2）如果发承包双方发生了争议，任何一方可将该争议以书面形式提交调解人，并将副本抄送另一方，委托调解人调解。发承包双方应按照调解人提出的要求，给调解人提供所需要的资料、现场进入权及相应设施。调解人应被视为不是在进行仲裁人的工作。

（3）调解人应在收到调解委托后 28 天内或由调解人建议并经发承包双方认可的其他期限内提出调解书，发承包双方接受调解书的，经双方签字后作为合同的补充文件，对发承包双方均具有约束力，双方都应立即遵照执行。当发承包双方中任一方对调解人的调解书有异议时，应在收到调解书后 28 天内向另一方发出异议通知，并应说明争议的事项和理由。但除非并直到调解书在协商和解或仲裁裁决、诉讼判决中作出修改，或合同已经解除，承包人应继续按照合同实施工程。当调解人已就争议事项向发承包双方提交了调解书，而任一方在收到调解书后 28 天内均未发出表示异议的通知时，调解书对发承包双方应均具有约束力。

7.10.6 仲裁、诉讼

（1）发承包双方的协商和解或调解均未达成一致意见，其中的一方已就此争议事项根据合同约定的仲裁协议申请仲裁，应同时通知另一方。仲裁可在竣工之前或之后进行，但发包人、承包人、调解人各自的义务不得因在工程实施期间进行仲裁而有所改变。当仲裁是在仲裁机构要求停止施工的情况下进行时，承包人应对合同工程采取保护措施，由此增加的费用应由败诉方承担。

（2）在规范规定的期限之内，暂定或和解协议或调解书已经有约束力的情况下，当发承包中一方未能遵守暂定或和解协议或调解书时，另一方可在不损害他可能具有的任何其他权利的情况下，将未能遵守暂定或不执行和解协议或调解书达成的事项提交仲裁。

（3）发包人、承包人在履行合同时发生争议，双方不愿和解、调解或者和解、调解不成，又没有达成仲裁协议的，可依法向人民法院提起诉讼。

7.11 保修费用的处理

7.11.1 质量保证金

发包人应按照合同约定的质量保证金比例从结算款中预留质

量保证金。承包人未按照合同约定履行属于自身责任的工程缺陷修复义务的，发包人有权从质量保证金中扣除用于缺陷修复的各项支出。经查验，工程缺陷属于发包人原因造成的，应由发包人承担查验和缺陷修复的费用。在合同约定的缺陷责任期终止后，发包人应按照 GB 50500—2013 的规定，将剩余的质量保证金返还给承包人。

发包人收到承包人递交的竣工结算报告及完整的结算资料后，应按规定的期限（合同约定有期限的，从其约定）进行核实，给予确认或者提出修改意见。发包人根据确认的竣工结算报告向承包人支付工程竣工结算价款，保留 5% 左右的质量保证（保修）金，待工程交付使用一年质保期到期后清算（合同另有约定的，从其约定），质保期内如有返修，发生费用应在质量保证（保修）金内扣除。

7. 11. 2 建设项目保修

1. 建设项目保修

项目保修是项目竣工验收交付使用后，在一定期限内由施工单位到建设单位或用户进行回访，对于工程发生的确实是由于施工单位施工责任造成的建筑物使用功能不良或无法使用的问题，由施工单位负责修理，直到达到正常使用的标准。建设工程质量保修制度是国家所确定的重要法律制度，建设工程保修制度对于完善建设工程保修制度、促进承包方加强质量管理、保护用户及消费者的合法权益能够起到重要的作用。

2. 保修的范围和期限

建筑工程的保修范围应包括地基基础工程、主体结构工程、屋面防水工程和其他土建工程，以及电气管线、上下水管线的安装工程，供热、供冷系统工程等项目。保修的期限：

（1）基础设施工程、房屋建筑的地基基础工程和主体结构工程，为设计文件规定的该工程的合理使用年限；

（2）屋面防水工程、有防水要求的卫生间、房间和外墙面的防渗漏为 5 年；

（3）供热与供冷系统为 2 个供暖期和供冷期；

（4）电气管线、给排水管道、设备安装和装修工程为 2 年；

（5）其他项目的保修期限由承发包双方在合同中规定。建设工程的保修期，自竣工验收合格之日算起。

3. 保修证书（房屋保修卡）

在工程竣工验收的同时（最迟不应超过 3 天到一周），由施工单位向建设单位发送《建筑安装工程保修证书》。

4. 检查和保修

在保修期间内，建设单位或用户发现房屋的使用功能出现问题，是由于施工质量而影响使用，可以用口头或书面通知施工单位的有关保修部门，要求派人前往检查修理。施工单位必须尽快地派人检查，并会同建设单位共同作出鉴定，提出修理方案，尽快地组织人力、物力进行修理。房屋建筑工程在保修期间出现质量缺陷，建设单位或房屋建筑所有人应当向施工单位发出保修通知，施工单位接到保修通知后，应到现场检查情况，在保修书约定的时间内予以保修，发生涉及结构安全或者严重影响使用功能的紧急抢修事故，施工单位接到保修通知后，应当立即到达现场抢修。

5. 保修验收

在发生问题的部位或项目修理完毕后，要在保修证书的"保修记录"栏内做好记录，并经建设单位验收签认，此时修理工作完毕。

7.11.3　保修费用及其处理

1. 保修费用

保修费用是指对保修期间和保修范围内所发生的维修、返工等各项费用支出。

2. 保修费用的处理

在保修费用的处理问题上，必须根据修理项目的性质、内容以及检查修理等多种因素的实际情况，区别保修责任的承担问题，对于保修的经济责任的确定，应当由有关责任方承担。由建设单位和施工单位共同商定经济处理办法。

（1）承包单位未按国家有关规范、标准和设计要求施工，造成的质量缺陷，由承包单位负责返修并承担经济责任。

（2）由于设计方面的原因造成的质量缺陷，由设计单位承担经济责任，可由施工单位负责维修，其费用按有关规定通过建设单位向设计单位索赔，不足部分由建设单位负责协同有关方解决。

（3）因建筑材料、建筑构配件和设备质量不合格引起的质量缺陷，属于承包单位采购的或经其验收同意的，由承包单位承担经济责任；属于建设单位采购的，由建设单位承担经济责任。

（4）因使用单位使用不当造成的损坏问题，由使用单位自行负责。

（5）因地震、洪水、台风等不可抗拒原因造成的损坏问题，施工单位、设计单位不承担经济责任，由建设单位负责处理。

（6）在保修期间因屋顶、墙面渗漏、开裂等质量缺陷，有关责任企业应当依据实际损失给予实物或价值补偿。质量缺陷因勘察设计原因、监理原因或者建筑材料、建筑构配件和设备等原因造成的，施工企业可以在保修和赔偿损失之后，向有关责任者追偿。因建设工程质量不合格而造成损害的，受损害人有权向责任者要求赔偿。因建设单位或者勘察设计的原因、施工的原因、监理的原因产生的建设质量问题，造成他人损失的，以上单位应当承担相应的赔偿责任。受损害人可以向任何一方要求赔偿，也可以向以上各方提出共同赔偿要求。有关各方之间在赔偿后，可以在查明原因后向真正责任人追偿。

7.12 造价档案质量管理

7.12.1 质量管理

（1）施工单位应将确保成果质量标准以及合同约定的精度要求，应对工程结算编制所引用依据的正确性和时效性，工程计量与计价的准确性和工程结算编审范围的完整性负责。

（2）施工单位应建立相应的质量管理体系，实行编制、审核与审定三级内部审核质量管理制度。造价专业人员从事结算或结算审查工作的，应当实行个人签署负责制。

（3）施工单位对基础资料收集、整理、结算编制、审核和修改，成果文件提交、报审和归档等应建立具体的管理制度。

7.12.2 档案管理

（1）对与工程结算编制和审查有关的重要活动、记载主要过程和现状、具备保存价值的各种载体的文件，均应收集齐全，整理立卷后归档。施工单位应建立完善的工程结算编制与审查档案管理制度。工程结算编制和审查文件应符合国家和有关部门发布的相关规定。施工单位自行归档的文件，保存期一般不少于五年。

（2）归档的工程结算编制和审查的成果文件应包括纸质原件和电子文件。其他文件及依据可为纸质原件、复印件或电子文件。归档文件应包括规程所列内容，且必须真实、准确，与工程实际相符。归档文件应采用耐久性强的书写材料，不得使用易褪色的书写材料。归档文件应字迹清晰、图表整洁、签字盖章手续完备。归档文件应必须完整、系统，能够反映工程结算编制和审查活动的全过程。归档文件必须经过分类整理，并应组成符合要求的案卷。归档可以分阶段进行，也可以在项目结算完成后进行。

（3）向接收单位移交档案时，应编制移交清单，双方签字、盖章后方可交接。

7.12.3 质量评定标准

（1）竣工结算审查成果文件的格式应符合成果文件的组成和要求的相关规定。竣工结算审查成果文件的编制方法、编制深度等应符合《建设项目工程结算编审规程》CECA/GC 3 的有关规定。

（2）发包人及承包人认可造价咨询企业根据造价咨询合同出具的竣工结算审查成果文件，并在成果文件的签署页上签字并盖章的，竣工结算审查成果文件质量评定为合格。发包人或承包人对造价咨询企业出具的竣工结算审查成果文件不认可，并未在成果文件的签署页上签字并盖章的，相同口径下，同一成果文件，竣工结算审查结果综合误差率应小于3%。

工程结算格式实例详见表 7-17～表 7-26。

工程结算封面格式　　　　　　　　　　　　　**表 7-17**

×××产业基地建设项目 工程结算 档案号:××造结 20130567 ×××建设工程有限公司(公章) (造价工程师执业章) 　　　　　　　　　　　　　　　201×年×月×日

工程结算签署页格式　　　　　　　　　　　　**表 7-18**

×××产业基地建设项目 工程结算 档案号: 编制人:××××［执业(从业)印章］ 审核人:××××［执业(从业)印章］ 审定人:××××［执业(从业)印章］ 单位负责人:××××

编制说明　　　　　　　　　　　　　　　　**表 7-19**

×××产业基地建设项目结算编制说明 　　一、工程概况 　　本工程位于×××国家高新技术产业开发区×号地块新建太阳能电池生产线,主要生产太阳能电池片。该项目计划在××××××平方米的土地上实施×××MW 的电池生产。本项目主要为 A 厂房的土建、机电安装工程,总建筑面积约××××××平方米,由×××建设工程有限公司总承包,实际施工期间为 201×年 4 月至 201×年 12 月。 　　二、编制范围 　　本次结算编制范围包括 A 厂房桩基工程、土建工程、幕墙工程、安装工程等,本项目原合同价为 284237400 元,结算造价为 379113600 元。 　　三、结算依据及方法 　　1. 施工合同、招标文件、投标文件、竣工资料、签证单、核价单、会议纪要、竣工图纸等。(略) 　　2.《建设工程工程量清单计价规范》GB 50500—2008;《江苏省建设工程工程量清单计价项目指引》;《江苏省建筑与装饰工程计价表》(2004);《江苏省安装工程计价表》(2004); 　　3. 国家及省建设行政主管部门颁发的有关工程造价的文件和规定。 　　四、有关材料、设备、参数和费用说明(略) 　　五、其他有关问题的说明(略) ×××建设工程有限公司 　　　　　　　　　　　　　　　　201×年×月×日

工程结算汇总表　　　　　　　表7-20

工程名称：×××产业基地建设项目

序号	单项工程名称	金额(元)	备注
1	A厂房土建工程	167247793	
2	A厂房外墙装饰工程	16319093	
3	A厂房安装工程	195546714	
……	……	……	
25	合计	379113600	

编制人：×××　　　　审核人：××　　　　审定人：×××

单项工程结算汇总表　　　　　　表7-21

单项工程名称：A厂房土建工程

序号	单位工程名称	金额(元)	备注
1	A厂房固定综合单价部分	108420691	
2	A厂房工程设计变更部分	15473773	
3	A厂房新增钢结构工程部分	17231585	
4	A厂房净化板工程部分	21018323	
5	A厂房工程签证部分	2815540	
6	A厂房部分综合单价差价部分	356224	
7	A厂房清单项目工程量的变化幅度超过10%	1931657	
	合计	167247793	

编制人：×××　　　　审核人：××　　　　审定人：×××

单位工程结算汇总表　　　　　　表7-22

单位工程名称：A厂房固定综合单价部分

序号	专业工程名称	金额(元)	备注
1	分部分项工程费合计	80595003.93	
2	措施项目费合计	20361119.59	
3	其他项目费合计	128892.76	
4	规费	3730037.10	
5	税金	3605637.84	
	合计	108420691.22	

编制人：×××　　　　审核人：××　　　　审定人：×××

分部分项（措施、其他、零星）工程结算表　　表 7-23

工程名称：A 厂房固定综合单价部分

序号	项目编码或定额编码	项目名称	计量单位	工程数量	金额（元）		备注
					单价	合价	
1	010101003001	挖基础土方（独立基础）	m³	31606.08	20.00	632121.60	
2	010103001001	土方回填	m³	1601.77	28.63	332158.68	
3	010201001001	预制钢筋混凝土管桩（灌芯）	根	1167.00	292.66	341534.22	
4	010304001001	砌块墙（外墙）	m³	1758.53	288.39	507142.47	
5	010304001002	砌块墙（内墙）	m³	3794.86	288.39	1094399.68	
6	010401004001	设备基础	m³	331.32	410.63	136049.93	
	……	……	……				
		合计				80595003.93	

编制人：×××　　　　　审核人：××　　　　　审定人：×××

单项工程结算汇总表　　表 7-24

单项工程名称：A 厂房安装工程

序号	单位工程名称	金额（元）	备注
1	电气工程	88130347.56	
2	管道工程	39255152.11	
3	通风工程	26748769.71	
4	空调水工程	20250032.76	
5	办公区风机盘管	598873.91	
6	二层钢网架	1308183.25	
7	检修通道	1779982.45	
8	消防工程	12743866.43	
9	签证	985086.44	
10	检测费	103233.07	
11	电梯	915000.00	
12	甲供设备配合费	800001.00	
13	总包配合费	1928185.29	
	合计	195546714.00	

编制人：×××　　　　　审核人：××　　　　　审定人：×××

单位工程名称：电气工程

序号	专业工程名称	金额(元)	备注
1	分部分项工程费合计	78511080.46	
2	措施项目费合计	4531974.10	
3	其他项目费合计		
4	规费	2300292.59	
5	税金	2787000.41	
	合计	88130347.56	

编制人：×××　　　　审核人：××　　　　审定人：×××

分部分项工程结算表　　　　　　　　表 7-26

工程名称：电气工程

序号	项目编码或定额编码	项目名称	计量单位	工程数量	金额(元)		备注
					单价	合价	
		A 厂房一二层电气——投标价部分					
1	030212001001	电缆进户保护管 镀锌钢管 DN150	m	198.00	136.74	27074.52	
2	030208001001	电力电缆 YJV4-X150＋1X70	m	1104.00	511.71	564927.84	
3	030212001001	电气配管 镀锌电线管 MT20	m	7985.00	15.72	125524.20	
4	030212001002	金属软管 DN25	m	725.00	18.56	13456.00	
	……	……	……				
		合计				78511080.46	

8 造价从业人员管理

为加强全国建设工程造价从业人员的管理，规范全国建设工程造价专业人员从业行为，维护社会公共利益，国家有关部门颁发《注册造价工程师管理办法》（建设部令第 150 号）和《建设工程造价员管理办法》（中价协［2011］021 号）等规定，国务院建设主管部门对全国注册造价工程师的注册、执业活动实施统一监督管理；国务院铁路、交通、水利、信息产业等有关部门按照国务院规定的职责分工，对有关专业注册造价工程师的注册、执业活动实施监督管理。省、自治区、直辖市人民政府建设主管部门对本行政区域内注册造价工程师的注册、执业活动实施监督管理。同时，中国建设工程造价管理协会对全国造价员实施统一的行业自律管理；各地区造价管理协会或各地区和国务院各有关部门造价员归属管理机构应负责本地区、本部门内造价员的自律管理工作。

工程造价从业人员是指依法取得造价工程师注册证书或全国建设工程造价员资格证书，并在国家行政区域内从事工程造价活动的人员。上述人员及其聘用单位应当按照有关规定，向有关部门提供真实、准确、完整的造价从业人员信用档案信息。信用档案应当包括个人的基本情况、业绩、良好行为、不良行为等内容。

8.1 造价员管理概述

全国建设工程造价员，是指通过造价员资格考试，取得《全国建设工程造价员资格证书》，并经登记注册取得从业印章，从事工程造价活动的专业人员。

资格证书和从业印章是造价员从事工程造价活动的资格证明和工作经历证明，资格证书在全国有效。中国建设工程造价管理协会实施对全国建设工程造价员的资格取得、从业、继续教育、自律监督管理等。

8.2　造价员资格

造价员资格考试原则上每年一次，实行全国统一考试大纲，统一通用专业和考试科目。考试科目为：建设工程造价管理基础知识和专业工程计量与计价。造价员资格考试专业设置：①各地区的统一通用专业一般分为建筑工程、安装工程、市政工程三个专业。②其他专业由各管理机构根据本地区、本部门的需要设置，并报中国建设工程造价管理协会备案。

中国建设工程造价管理协会负责编写统一通用专业《建设工程造价员资格考试大纲》和《建设工程造价管理基础知识》培训教材。各管理机构负责编写本地区、本部门设置的其他专业考试大纲和各专业工程计量与计价的培训教材；负责组织命题、考试、阅卷、确定合格标准、颁发资格证书等工作。

凡中华人民共和国公民，遵纪守法，具备下列条件之一者，均可申请参加造价员资格考试：①普通高等学校工程造价专业、工程或工程经济类专业在校生；②工程造价专业、工程或工程经济类专业中专及以上学历；③其他专业，中专及以上学历，从事工程造价活动满1年。已取得一个专业资格证书的造价员，若需报考其他专业，应参加增项专业工程计量与计价的考试。

符合下列条件之一者，可向管理机构申请免试《建设工程造价管理基础知识》：①普通高等学校工程造价专业的应届毕业生；②工程造价专业大专及其以上学历的考生，自毕业之日起两年内；③已取得资格证书，申请其他专业考试（即增项专业）的考生。

考试合格者由管理机构颁发资格证书。应届毕业生考试合格者，凭毕业证书领取资格证书。对通过增项专业考试的造价员，管理机构应将增项专业登记在资格证书的"增项专业登记栏"。

8.3 造价员登记

造价员实行登记从业管理制度。各管理机构负责造价员登记工作。符合登记条件的，核发从业印章。取得造价员资格证书的人员，经过登记取得从业印章后，方能以造价员的名义从业。其登记条件：①取得资格证书；②受聘于一个建设、设计、施工、工程造价咨询、招标代理、工程监理、工程咨询或工程造价管理等单位；③无不予登记的情形。

取得资格证书的人员，可自资格证书签发之日起1年内申请登记，逾期未申请登记的，须符合继续教育要求后方可申请登记。取得资格证书的应届毕业生，就业后，如本人工作单位与颁发资格证书的管理机构为同一地区或部门的，应向颁发资格证书的管理机构申请登记；如本人工作单位与取得资格证书的管理机构为不同地区或部门，应按照规定办理变更手续，并向本人工作单位所属地区或部门的管理机构申请登记。

有下列情形之一的，不予登记：①不具有完全民事行为能力；②申请在两个或两个以上单位从业的；③逾期登记且未达到继续教育要求的；④已取得注册造价工程师证书，且在有效期内的；⑤受刑事处罚未执行完毕的；⑥在工程造价从业活动中，受行政处罚，且行政处罚决定之日至申请登记之日不满两年的；⑦以欺骗、贿赂等不正当手段获准登记被注销的，自被注销登记之日起至申请登记之日不满两年的；⑧法律、法规规定不予登记的其他情形。

8.4 造价员从业

造价员应从事与本人取得的资格证书专业相符合的工程造价

活动。造价员应在本人完成的工程造价成果文件上签字、加盖从业印章，并承担相应的责任。造价员享有下列权利：①依法从事工程造价活动；②使用造价员名称；③接受继续教育，提高从业水平；④保管、使用本人的资格证书和从业印章。

造价员应当履行下列义务：①遵守法律、法规和有关管理规定；②执行工程造价计价标准和计价方法，保证从业活动成果质量；③与当事人有利益关系的，应当主动回避；④保守从业中知悉的国家秘密和他人的商业、技术秘密。

造价员不得有下列行为：①在从业过程中索贿、受贿或牟取合同约定外的不正当利益；②涂改、伪造、倒卖、出租、出借或其他形式转让资格证书或从业印章；③同时在两个或两个以上单位从业；④法律、法规、规章禁止的其他行为。

造价员如取得注册造价工程师证书或因特殊原因需要脱离工程造价岗位二年或二年以上者，应申请暂停从业，并到管理机构办理暂停从业手续。需要恢复从业的，应当达到继续教育要求，并到管理机构办理恢复从业手续。

8.5 造价员资格管理

中国建设工程造价管理协会统一印制资格证书、统一规定资格证书编号规则和从业印章样式。资格证书和从业印章应由本人保管、使用。遗失资格证书和从业印章的，应在公众媒体上声明后申请补发。

中国建设工程造价管理协会负责建立全国统一使用的"造价员管理系统"，并向社会提供造价员身份查询平台。各管理机构负责"造价员管理系统"数据的更新维护。造价员考试报名、变更、继续教育、验证等均通过"造价员管理系统"实行网上申请、受理和审核。造价员应接受继续教育，每两年参加继续教育的时间累计不得少于 20 学时。如 2014 年至 2015 年度全国造价员网络继续教育学习课程内容有："2013 年版全国造价工程师执业资格考试培训教材交底"、"工程造价专业发展概述"、"《建设工程工程量清单计价规范》GB 50500—2013 概述及条款解读"和相关专业工程量计算规范宣贯、"《建设工程施工合同示范文本》GF-2013—0201 条款释义"、"《建设工程造价咨询成果文件质量标准》CECA/GC 7—2012 宣贯"、"城市轨道交通工程专业技术介绍及各阶段造价控制要点"、"建筑施工新技术"等。

资格证书原则上每四年验证一次，验证结论分为合格、不合格和注销三种。合格者由管理机构记录在资格证书"验证记录栏"内，并加盖管理机构公章。有下列情形之一者为验证不合格，应限期整改：①四年内无工作业绩，且不能说明理由的；②四年内参加继续教育不满 40 学时的，或继续教育未达到合格标准的；③到期无故不参加验证的。

有下列情形之一者，注销资格证书及从业印章：①验证不合格且限期整改未达到要求的；②有《建设工程造价员管理办法》第二十四条列举行为之一的；③信用档案信息有不良行为记录的；④不具有完全民事行为能力的；⑤以欺骗、贿赂等不正当手段取得资格证书和从业印章的；⑥其他导致证书失效的情形。

造价员变更工作单位的，应在变更工作单位 90 日内提出变更申请，并按管理机构要求提交相应材料。①在同一地区或部门管理机构变更工作单位的，管理机构审核通过后应将变更的内容登记在资格证书的"变更登记栏"中。②在不同地区或部门管理机构变更工作单位的，转出管理机构审核通过后，应持造价员变更申请表、资格证书等材料到现工作单位所在地区或部门的管理机构办理转入手续，转入管理机构审核通过后重新颁发资格证书和从业印章。如造价员所持资格证书的专业与转入管理机构规定专业不符的，应参加转入管理机构组织的相应专业工程计量与计价考试，成绩合格者，方能办理转入手续。

8.6　造价员自律

造价员应遵守国家法律、法规，维护国家和社会公共利益，忠于职守，恪守职业道德，自觉抵制商业贿赂；应自觉遵守工程造价有关技术规范和规程，保证工程造价活动质量。各管理机构应在"造价员管理系统"中记录造价员的信用档案信息。造价员信用档案信息应包括造价员的基本情况、良好行为、不良行为等。

在从业活动中，受到各级主管部门或协会的奖励、表彰等，应当作为造价员良好行为信息记入其信用档案。违法违规行为、被投诉举报核实的、行政处罚等情况应当作为造价员不良行为信息记入其信用档案。各管理机构可对造价员的违纪违规行为，视其情节轻重给予以下自律惩戒：①谈话提醒；③书面警告，并责令书面检讨；③通报批评，记入信用档案，取消造价员资格；④提请有关行政部门给予处理。

造价员所从事的是一项业务专一、技术性强、责任重的工作。因此，在建筑企业中，造价员应设置专人。施工实践证明，无论实行哪种承包方式，没有称职的专职造价员，是难以推行的。是否充分重视、发挥造价员在建筑安装企业中的作用，直接关系着企业自身的发展和进步。

8.6.1　造价员的职业道德规范

社会主义职业道德的基本原则是用来指导和约束人们的职业行为的，它需要通过具体、明确的规范来体现。所谓规范，一般来讲，就是标准和准则的意思。它告诉人们在职业活动中应该怎么去做，不应该怎么去做。在社会主义社会中，从事各种职业活动的人，都必须认真遵守适应各自职业要求的道德规范。造价员的职业道德规范主要有如下几个方面：

（1）忠于职守，热爱本职，献身事业。

（2）钻研业务、技术知识，精通本职业务。

（3）坚持廉洁守法，决不以职谋私。

（4）团结协作，艰苦奋斗，厉行节约。

8.6.2 施工企业造价员的素质

造价员工作必须实事求是，刻苦学习，办事认真。一个合格的定额员既要懂技术，又要懂经济；既要懂政策，还要懂法律，四者缺一不可。

（1）造价员应具备的基本功和基础知识，是能识读建筑施工的各类图纸。

（2）造价员要按照现行施工定额中的统一规定和计算规则计算工程量。为适应工程施工需要，编制施工定额补充项目。

（3）造价员要基本掌握施工工艺，正确套用现行施工定额，遵照编制程序编制出施工预算文件。

8.7　造价工程师职业道德

注册造价工程师，是指通过全国造价工程师执业资格统一考试或者资格认定、资格互认，取得中华人民共和国造价工程师执业资格，并按照规定注册，取得中华人民共和国造价工程师注册执业证书和执业印章，从事工程造价活动的专业人员。

8.7.1　注册管理

注册造价工程师实行注册执业管理制度。取得执业资格的人员，经过注册方能以注册造价工程师的名义执业。准予注册的，由注册机关核发注册证书和执业印章。注册证书和执业印章是注册造价工程师的执业凭证，应当由注册造价工程师本人保管、使用。初始注册的有效期为 4 年。注册造价工程师在每一注册期内应当达到注册机关规定的继续教育要求。注册造价工程师继续教育分为必修课和选修课，每一注册有效期各为 60 学时。

8.7.2　执业管理

注册造价工程师执业范围包括：①建设项目建议书、可行性研究投资估算的编制和审核，项目经济评价，工程概、预、结算、竣工结（决）算的编制和审核；②工程量清单、标底（或者控制价）、投标报价的编制和审核，工程合同价款的签订及变更、调整、工程款支付与工程索赔费用的计算；③建设项目管理过程中设计方案的优化、限额设计等工程造价分析与控制，工程保险理赔的核查；④工程经济纠纷的鉴定。

注册造价工程师应当在本人承担的工程造价成果文件上签字并盖章。修改经注册造价工程师签字盖章的工程造价成果文件，应当由签字盖章的注册造价工程师本人进行；注册造价工程师本人因特殊情况不能进行修改的，应当由其他注册造价工程师修改，并签字盖章；修改工程造价成果文件的注册造价工程师对修改部分承担相应的法律责任。

8.7.3 职业道德行为准则

造价工程师在执业中应信守以下职业道德行为准则：

（1）遵守国家法律、法规和政策，执行行业自律性规定，珍惜职业声誉，自觉维护国家和社会公共利益。

（2）遵守"诚信、公正、精业、进取"的原则，以高质量的服务和优秀的业绩，赢得社会和客户对造价工程师职业的尊重。

（3）勤奋工作，独立、客观、公正、正确地出具工程造价成果文件，使客户满意。

（4）诚实守信，尽职尽责，不得有欺诈、伪造、作假等行为。

（5）尊重同行，公平竞争，搞好同行之间的关系，不得采取不正当的手段损害、侵犯同行的权益。

（6）廉洁自律，不得索取、收受委托合同约定以外的礼金和其他财物，不得利用职务之便谋取其他不正当的利益。

（7）造价工程师与委托方有利害关系的应当回避，委托方有权要求其回避。

（8）知悉客户的技术和商务秘密，负有保密义务。

（9）接受国家和行业自律性组织对其职业道德行为的监督检查。

8.8 造价从业人员算量计价要旨

8.8.1 算量计价流程

1. 算量计价原则

（1）为统一算量计价的计算方法，规范算量计价流程，确保工程量计算的准确性和完整性，依据《建设工程工程量清单计价规范》GB 50500—2013 和《房屋建筑与装饰工程工程量计算规范》GB 50854—2013，要求公开工程量计算书、核对工程量，达到统筹安排、科学合理、方法统一、成果完整的目的。

（2）算量计价工作应遵循准确、完整、精简、低碳的原则。工程计量应遵循闭合原则，对计算结果进行校核。

（3）工程算量的方法和要求：统筹计算为主、图算为辅、两算结合、相互验证，确保计算准确和完整（不漏项）。统筹计算要点："公开算式、校核结果、电算基数、一算多用"。图算是依据施工图，通过手工或识别建立模型、设置相关参数后，由计算机识图自动计算工程量。包括二维计量、三维计量和建筑信息模型（BIM）计量。

（4）在熟悉施工图后在计量时要对施工图进行审查，找出建筑与结构图的矛盾，平、立、剖面与大样图及门窗统计表的矛盾等，作出计量备忘录。

（5）工程量清单和招标控制价项目特征描述宜简约，定额名称应统一，宜采用换算库和统一换算方法来代替人机会话式的定额换算。

（6）在计量过程中发现的问题及处理措施应形成计量备忘录，作为工程计量的依据，列入工程量计算书的附件中。

2. 算量计价工作流程

算量计价工作流程如下，详见图 8-1、表 8-1。

报表录入 → 基数表 → 门窗过梁表 → 构件表 → 项目清单定额表 → 钢筋表 → 工程量计算书 → 计价

图 8-1　算量计价工作流程

算量计价工作列表　　　　　　表 8-1

阶段	序号	项目名称	工作内容
熟悉施工图,完成汇总表	1	门窗汇总表(按层分列)	熟悉施工图并找出问题、改正错误,该统计表可由 CAD 施工图导入
	2	门窗过梁表(按墙分列)	按门窗洞所在墙体分配,并按 5 种过梁形式统计过梁,完成门窗过梁表
	3	"三线三面"基数	按"三线三面"计算各层基数
	4	基础基数	按基础类型统计长度和截面面积
	5	构件基数	按层、分强度等级统计梁长、柱截面和板面积
	6	构件表	按层、分强度等级统计构件
	7	项目模板	按分部复制并整理项目清单定额模板,导入工程量计算书
分部工程量计算	8	基础量计算	挖土、垫层、基础、回填、脚手架、模板
	9	±0.000 以下建筑	墙、柱、梁、板构件、砌体、台阶、护坡以及脚手架、模板
	10	±0.000 以上建筑	墙、柱、梁、板、其他构件、砌体、保温、屋面等以及脚手架、模板
	11	±0.000 以下装饰	门窗、地面、楼面、内外墙面、天棚、脚手架
	12	±0.000 以上装饰	门窗、地面、楼面、内外墙面、天棚、脚手架
钢筋	13	图算	钢筋、接头及相关工程量
校核	14	校核	图算与表算对量
计价	15	计价	清单、定额、计价表格及全费用计价表

8.8.2　数据录入顺序

1. 数据采集顺序

（1）计算列式，顺序统一。计算式的顺序是长×宽×高×数量。此原则适用于各个专业，可广泛用于体积、面积和长度的计算列式。门窗洞口应按宽×高×数量的顺序来输入，这样在计算机处理数据时才能依据门口的宽度来确定扣除踢脚板的长度，或依据窗口的宽度来确定窗台板的长度。

（2）从小到大，先数后字。采集施工图数据顺序遵循先数字轴后字母轴和由小到大的原则。外围面积的计算式必须先输数字轴长度，再输字母轴长度。

（3）内墙净长，先横后纵。内墙长度以数字轴（横墙）为主，丁角通长部分一般不断开。本原则是针对墙体的计算，要先算数字轴墙的长度。遇到拐角、十字角时，一般情况下内墙长度以数字轴（横墙）为主，纵墙扣除横墙墙厚；遇到丁字角时，应按通长部分不断开的原则计算。

2. 数据采集约定

（1）结合心算，采集数据。数据的采集要与心算相结合。要求结合心算将简单计算式直接输成结果，这样做有两个原因：一是便于后面利用辅助计算表计算房间装修时调用；二是对这种简单运算，利用心算来简化列式是不难理解的。

（2）遵循规则，保留小数。计算结果要严格按工程量计算规则保留小数位数。

1）以"t"为单位，应保留小数点后3位数字，第四位小数四舍五入。

2）以"m"、"m^2"、"m^3"、"kg"为单位，应保留小数点后两位数字，第三位小数四舍五入。

3）以"个"、"件"、"根"、"组"、"系统"为单位，应取整数。

在计算结果中，将依据清单或定额的单位来确定工程量的有效位数，足以保证其精确度。

（3）加注说明，简约易懂。加注必要的简约说明，以看懂计算式为目的。对计算式的说明，可以放在部位列内，也可放在计算式中用括号"〔 〕"括起来。

3. 数据列式约定

（1）以大扣小，减少列式。面积的计算宜采用以大扣小的方法。基数中的室内面积采用大扣小的方法，在辅助计算表调用计算式时，能够减少数据录入和计算式；在计算建筑面积时，采用大扣小的方法也是合理的，先算大面积、再扣小面积要比算出几个小面积相加更易于校对。

（2）外围总长，增凸加凹。外墙长 W 要用外包长度加凹进长度简化计算。本原则用于计算凹进或凸出部分的外墙长度。

（3）利用外长，得出外中。外墙中心线长 L 一般可利用外墙长 W 扣减 4 倍墙厚求出。

（4）算式太长，分行列式。计算式不要超过一行，数据多时分行计算。

（5）工程过大，分段计算。大工程宜分单元或分段进行计算。

8.8.3 门窗过梁算量汇总

（1）门窗过梁表包含门窗统计表、门窗算量表和过梁算量表3 种表格。

（2）门窗统计表（表 8-2）按层统计门、窗、洞数量。此表可由施工图中的门窗统计表转来，但要进行校对，改正表中错误，并按门以 M 打头、窗以 C 打头、洞口以 MD 打头的规则对门窗号变量进行命名。

门窗统计表　　　　　　　　表 8-2

门窗号	洞口(BH)(m)	面积(m²)	数量	-1层	1-15层	顶层	合计(m²)

（3）门窗算量表（表 8-3）按门、窗、洞所在墙体统计数量，最后生成按墙体划分的面积。此表是依据门窗统计表将各层

洞口分配到所在墙体列，并按以下 4 种类型填写过梁代号（n 表示序号）：GLn 表示现浇过梁；YGLn 表示预制过梁；QGLn 表示圈梁代过梁；KGLn 表示与框架梁整浇部分。

门窗算量表   表 8-3

门窗号	施工图编号	宽×高(m×m)	面积(m²)	数量	24W 墙	24N 墙	12N 墙	混凝土墙	洞口过梁号
									QGL1
									QGL2

（4）过梁算量表（表 8-4）中的长度等于门窗表中的宽度加 500mm，宽度等于门窗表中的墙体宽度，可以由计算机自动生成。高度需根据施工图的要求来填写，过梁长度可根据实际情况调整。

过梁算量表   表 8-4

过梁号	施工图编号	长×宽×高(m×m×m)	体积(m³)	数量	24W 墙	24N 墙	12N 墙	混凝土墙	对应门窗号

（5）门窗过梁表变量的调用，统一规定如下：

5M4	表示 5 个 M4 的面积；
M	表示所有门的面积；
MG24＞	表示 24cm 厚墙上所有门的面积；
MG24w＞	表示 24cm 厚外墙上所有门的面积；
GL	表示所有现浇过梁的体积；
GLG24＞	表示 24cm 厚墙上现浇过梁的体积；
GLG24w＞	表示 24cm 厚外墙上现浇过梁的体积；

以此类推。

8.8.4 基数算量汇总

（1）基数是计算工程量的基本数据，可分为 3 类基数。

216

（2）"三线三面"基数，分别用以下字母表示（其中 n 表示层，XX 表示墙厚）：

Wn—外墙长；

Lnxx—外墙中心线长；

Nnxx—内墙净长；

Sn—外围面积；

Rn—室内面积；

Qn—墙身水平面积。

"三线三面"基数的校核公式：$Sn-Rn-Qn=0$

（3）基础基数，分别用以下字母表示（其中 X 表示编号）：

IX—外墙基础长（总长＝L）；

JX—内墙基础长；

KX—内墙基底长；

Ax—基础断面；

T—综合放坡系数；

JM—建筑面积。

（4）构件基数，分别用以下字母表示（其中××表示板厚或类型）：

Bxx—板面积；

WKZxx—外框柱长度；；

KLxx—外框梁长度；

KNxx—内框梁长度；

KZxx—框柱截面积；

WZxx—外框柱周长；

NZxx—内框柱周长；

YXxx—腰线长度；

QZxx—圈梁长度。

8.8.5 构件算量汇总

（1）一个单位工程一般要包含多个混凝土构件，按现阶段图形计量方法是分层、分部位、分构件编号逐一列出计算式。如此庞大的计算式，增加对量难度。

（2）构件统计表可按定额号分类、分层统计构件数量，以便有序计算构件体积和模板，并提供给钢筋计算软件，以便统一按构件提取钢筋数据。

（3）根据工程量计算应遵循按照提取公因式、合并同类项和应用基数变量的代数原则而设计的构件表，表内含构件尺寸和各层的数量，可方便、快捷地校核和计算工程量。

（4）构件统计表的数据应与工程量计算书关联，应用软件在索引中双击名称可将其所含构件的计算式和数量调入计算书中，若双击某一构件则只调入该构件的计算式和数量。

8.8.6 项目清单定额汇总表

（1）工程计价活动可分为算量和计价两个阶段，其中的纽带是清单和定额的套用。为避免或减少重复劳动和漏项，可按工程结构类型的不同归类建立或自动形成，遇到同类相近工程时参照调用即可，主要作用是快速套项，不漏项；统一清单名称的特征描述、定额名称及常用换算表示方法。

（2）分部：在一个单位工程内，为了计价需要，可分成多个分部进行计算，例如：可分为±0.000以下建筑分部来计算基础，±0.000以上建筑分部来计算计取超高费的项目。

（3）项目名称：按施工项目顺序填写。

（4）工作内容：填写该施工项目中所含的工作内容，一般应严格按施工图说明中的做法列出，以便对照。

（5）编号：指工程量清单的前9位编码（后3位在调入时自动生成）和定额编号以及换算编号。

（6）清单项目名称：部分省级造价主管部门已将2013规范中的项目名称与项目名称特征合并为一列，项目特征描述应遵循的原则：

1）要结合拟建工程项目的实际要求予以简约地描述，而不要按格式化刻板地进行描述；

2）可采用详见××图集××图号的方式；

3）项目特征描述是为了确定综合单价，与单价无关的内容不要描述；

4）钢筋可不分规格仅按种类列出清单项目。

（7）定额名称：定额名称具有专业性，不应根据定额的各级标题来罗列和叠加；定额名称宜控制汉字数，按简约的方式清晰表述；在清单所含的定额项中列出措施项目，如大型机械进场费、模板和脚手架定额项目，以便算量。转入计价时，自动归入措施费的清单项目中。

（8）换算定额名称，对定额换算的处理有 5 种方法：

1）换算定额说明或综合解释提到的换算，将视同定额一样，建立换算库来解决。

2）强度等级换算——混凝土和砂浆强度等级的换算，用定额号带小数表示，小数部分可以是定额中多单价的顺序号，也可以是配合比表中的序号。

3）倍数换算用定额号加"＊"和倍数表示。

4）常用换算定额说明中影响大量定额的系数调整和有关规定，由于它具有唯一性，故统一用定额号和换算号后面加"＊"表示。

5）临时换算是针对个别分部分项工程项目的施工图要求与定额和换算定额的含量不符时进行的换算，采用定额号或换算后面加"H"来表示，项目清单汇总中仅可以修改名称，在计价进行换算数据的调整。

8.8.7　钢筋算量汇总

（1）钢筋计算是工程量计算的重要组成部分。由于钢筋计算的特殊性，宜参照构件汇总表，采用图表结合的钢筋算量软件或图形算量软件来计算。

（2）钢筋计算结果应提供按十大类分列的钢筋汇总表，其质量以"kg"为单位取整。

（3）钢筋计算需提供按定额汇总的钢筋工程量表，汇入工程量计算书中，其质量以"t"为单位，此表与钢筋汇总表的合计值应一致。

（4）钢筋汇总表示例见表 8-5。

钢筋汇总表　　　　　　　　　　　　表 8-5

构件 规格	基础	柱	构造 柱	墙	梁、板	圈梁	过梁	楼梯	其他 构件	拉结 筋	合计

注：1. 框剪柱和暗柱的钢筋均并入柱钢筋内。

2. 暗梁钢筋并入墙内。

3. 措施钢筋及板凳筋等列入相应构件内。

4. 其他构件包括雨棚、阳台、挑檐、压顶等构件。

5. 钢筋接头另行统计。

6. 地面和屋面的 $\phi4$ 钢筋网可根据工程量清单的内容单列。

8.8.8　工程量计算书

（1）工程量计算书的清单、定额应套用项目模板，当需要调整时应同步修改，以利于存档和其他工程的调用。

（2）清单和其定额的工程量应同时计算，当其计量单位和计算规则与上项相同时，应用软件实现在单位处用"＝"号表示，工程量自动形成。

（3）应充分利用基数变量和二维序号变量来避免重复计算。

（4）应充分利用提取公因式、合并同类项等代数原理来简化计算。

（5）可采用辅助计算表和图形计量来计算实物工程量，将其计算式或结果调入实物量计算书中；实物量计算书的格式与工程量计算书相同，只是没有清单和定额的编号及名称，其结果（用 Yn 表示）和计算式均可选择调入工程量计算书中。

（6）应通过校核证明算式正确。

（7）工程量计算书示例见表 8-6。

工程量计算书　　　　　　　　　　　　表 8-6

序号	编号/部位	项目名称/计算式	工程量

8.8.9 计价表格汇总

（1）工程量表是工程计价的依据，它由工程量计算书生成。在生成过程中将计算式屏蔽，将措施项目（模板、脚手架）分列出来。

（2）在工程量表生成时，可生成原始顺序文件或按清单项目编码排序后的文件。

（3）工程量表可以按不同地区价格生成不同的计价文件，可以将同一工程量文件生成的任意两个计价文件进行对比。

（4）工程量表是一个中间量电子文档，它的输出结果体现在计价文件的综合单价分析表中（表8-7），该表应作为招标控制价和竣工结算价的必要组成部分。

（5）综合单价分析表宜采用统一法计算，并遵循简约和低碳的原则采用统一模式输出。

综合单价分析表（统一模式）　　　　表8-7

序号	项目编码	项目名称	单位	工程量	综合单价组成（元）					综合单价/元
					人工费	材料费	机械费	计费基础	管理费和利润	

（6）电子计价表格应遵循《建设工程工程量清单计价规范》GB 50500—2013公布的表格样式（宜提供电子文档），全费用计价表（表8-8）应作为招标控制价、投标报价和竣工结算价的必要文件。该文件必须与电子文档的结果保持完全一致。

全费用计价表　　　　表8-8

序号	项目编码	项目名称	单位	工程量	全费用单价(元)	合价(元)

9 建设工程定额清单应用实例

9.1 劳动定额应用实例（建设工程劳动力用工计算示例）

9.1.1 人工挖地坑的劳动力用工计算

1. 资料：

（1）某项目工程挖基坑，土壤类别为三类，工作内容包括：挖土、装土或抛土堆放，保持槽坑边两侧距离≤1m 不得有弃土，修整底边、边坡。

（2）基坑综合权数取定为：坑底面积≤2.5m² 为 40%（其中深度≤1.5m 占 50%，深度≤3m 占 30%，深度≤4.5m 占 20%）；坑底面积≤5m² 为 60%（其中深度≤1.5m 占 50%，深度≤3m 占 30%，深度≤6m 占 20%）。

（3）要求：根据资料计算人工挖地坑每立方米综合劳动力用工数量。

2. 劳动力用工计算：

（1）计算依据：《建设工程劳动定额 建筑工程—人工土石方工程》LD/T 72.2—2008。

（2）公式：用工数量（工日）=∑（各项计算量×时间定额）。

（3）用工具体计算如表 9-1 所示。

3. 结论：挖地坑每立方米综合劳动力用工数量为 0.7522 工日。

9.1.2 砖基础的劳动力用工计算

1. 资料：

（1）某定额项目为砌砖带形基础，工作内容包括清理地槽，砌垛、角，抹防潮层砂浆。

人工挖地坑劳动力用工计算表

表 9-1

其中项目名称	单位	计算量	劳动定额编号	时间定额	用工数量 工日/m³
坑底面积≤2.5m²	m³	0.40			0.3262
深≤1.5m	m³	0.4×50%＝0.20	AB0016(三)	0.774	0.1548
深≤3.0m	m³	0.4×30%＝0.12	AB0017(三)	0.827	0.0992
深≤4.5m	m³	0.4×20%＝0.08	AB0018(三)	0.903	0.0722
坑底面积≤5m²	m³	0.60			0.4260
深≤1.5m	m³	0.6×50%＝0.30	AB0020(三)	0.653	0.1959
深≤3m	m³	0.6×30%＝0.18	AB0021(三)	0.706	0.1271
深≤6m	m³	0.6×20%＝0.12	AB0023(三)	0.858	0.1030
合计用工					0.7522

（2）材料水平运输超运距为 100m，人工幅度差为 10%。

（3）砖基础综合权数取定为：一砖基础为 70%、一砖半基础为 20%、二砖基础为 10%，经测算每 10m³ 砖基础的砖用量为 5.24 千块，其砂浆用量为 2.36m³。

2. 要求：根据资料计算砖砌基础预算定额项目每 10m³ 的人工消耗量。

3. 劳动力用工计算：

（1）计算依据：《建设工程劳动定额　建筑工程—砌筑工程》LD/T 72.4—2008、《建设工程劳动定额　建筑工程—材料运输与加工工程》LD/T 72.1—2008。

（2）公式：用工数量（工日）＝∑（各项计算量×时间定额×系数）×（1＋人工幅度差）。

（3）具体计算如表 9-2 所示。

4. 结论：砌砖基础预算定额项目每 10m³ 人工消耗量为 13.09 工日。

砖基础劳动力用工计算表　　表 9-2

项目名称	单位	计算量	劳动定额编号	时间定额	系数	用工数量 工日/10m³
砌 1 砖基础	m³	7	AD0001（一）	0.937		6.56
砌 3/2 砖基础	m³	2	AD0002（一）	0.905		1.81
砌 2 砖基础	m³	1	AD0003（一）	0.876		0.876
标准砖超运 100m	千块	5.24	AA0001（二）	0.037	10	1.94
砂浆超运 100m	m³	2.36	AA0009（二）	0.030	10	0.71
小计						11.90
人工幅度差		人工幅度差为 10%（11.90×10%）				1.19
合计用工						13.09

9.1.3 砖墙的劳动力用工计算

1. 资料：

（1）某工程砌砖墙，工作内容包括：砌砖、清缝、砌石旋、预留孔洞等。

（2）墙面清缝用工统一按 0.0902 工日/10m³ 取定。

（3）"墙身附件加工"经测算为：弧形及圆形旋 0.06m/10m³，墙心烟囱孔、附墙烟囱及孔 3.4m/10m³，预留构造柱孔 3m/10m³；材料运距为 150m，取定楼层为七层。经测算：砖用量为 5.51 千块，砂浆用量取定为 2.13m³。

2. 要求：根据资料计算某工程砌砖墙每 10m³ 综合劳动力用工数量。

3. 劳动力用工计算：

（1）计算依据：《建设工程劳动定额　建筑工程—砌筑工程》LD/T 72.4—2008、《建设工程劳动定额　建筑工程—材料运输与加工工程》LD/T 72.1—2008。

（2）公式：用工数量（工日）＝∑（各项计算量×时间定额）

（3）具体计算如表 9-3 所示。

单面清水半砖墙人工计算表 表 9-3

项目名称	单位	计算量	劳动定额编号	时间定额	系数	用工数量 工日/10m³
单面清水墙	m³	10	AD0012(一)	1.52		15.20
墙面清缝	10m³	1	统一取定	0.0902		0.0902
弧形及圆形旋	10m	0.006	劳动定额 AD0012(一) 表3砖墙加工表	0.30		0.0018
墙心、附墙烟囱及孔	10m	0.34	表3砖墙加工表	0.50		0.17
预留构造柱及孔	10m	0.30	表3砖墙加工表	0.50		0.15
小计						15.61
高层增加用工			劳动定额 AD0012(一) 表4高层建筑增加用工系数	(15.61×0.15)	1.15	2.34
砂浆超运100m	m³	2.13	AA0009(二)	0.030	10	0.64
标准砖超运100m	千块	5.51	AA0001(二)	0.037	10	2.04
合计用工						20.63

4. 结论：某工程砌砖墙每 10m³ 综合劳动力用工数量为 20.63 工日。

9.1.4 方木钢木屋架、木檩条制安及石棉瓦屋面工程劳动力用工计算

1. 资料：

(1) 某工程方木钢木屋架、木檩条制安及石棉瓦屋面，层数一层。

(2) 工作内容包括：屋架制安、檩条制安、木檩条上铺石棉瓦。

(3) 工程量经测算为：跨度 15m 方木钢木屋架制安 3 榀，采用扒杆吊装；水平拉杆 制安 8 根，剪刀撑制安 4 副；方檩条燕尾榫制安 36 根，其中 18 根安装在一面山墙上，檩条锚固木卡板制安 45 副；屋面铺石棉瓦 278m²，石棉瓦运距为 140m，用量为 285 张（规格：1820mm×720mm）。

2. 要求：根据资料计算方木钢木屋架、木檩条制安及石棉瓦屋面工程的总用工数量。

3. 本工程劳动力用工计算：

（1）计算依据：《建设工程劳动定额 建筑工程——木结构工程》LD/T 725—2008。

（2）公式：用工数量（工日）＝∑（各项计算量×时间定额×系数）。

（3）用工具体计算如表 9-4 所示。

方木钢屋架、木檩条制安及石棉瓦屋面劳动力用工计算表

表 9-4

项目名称	单位	计算量	劳动定额编号	时间定额	系数	用工数量 工日
方木钢木屋架制安	榀	3	AE0014（一）	3.09	2	18.54
屋架扒杆吊装			表 4 屋架制安调整系数			
水平拉杆制安	根	8	AE0027	0.083		0.66
剪刀撑制安	副	4	AE0028	0.200		0.80
屋架套样板	副	1	AE0030	1.67		1.67
方檩条燕尾榫制作	10 根	3.6	AE0034	0.435		1.57
方檩条燕尾榫安装	10 根	1.8	AE0044	0.313		0.56
方檩条燕尾榫安装在一面墙上	10 根	1.8	AE0044 表 5 屋面木基层及瓦屋面调整系数	0.313	1.18	0.66
檩条锚固木卡板制安	副	45	AE0045	0.050		2.25
木檩条铺石棉瓦	10m²	27.8	AE0056	0.294		8.17
石棉瓦超运 90m	100 张	2.85	表 1 超运加工表	0.573		1.63
合计用工						36.51

4. 结论：完成某工程方木钢木屋架、木檩条制安及铺石棉瓦屋面工程的总用工数量为 36.51 工日。

9.1.5 模板工程现浇无梁板竹模板的劳动力用工计算

1. 资料：

（1）某工程项目为现浇无梁板，采用竹模板、钢支撑，板厚250mm，板上有300mm×300mm方孔和直径300mm的圆孔各1个，塔吊运输。

（2）工作内容包括：①制作：选料、配料、划线、截料、弹线、砍边、平口对缝、钉木带及30m以内取料和制成品分类堆放等全部操作过程；②拆除：拆除支撑、模板、垫楞、卡子、铁丝、螺栓及高3.6m以内搭拆简单架子，并将材料分类堆放在30m以内的指定地点。

（3）材料堆放点—制作点运距为50m、制作点—堆放点运距为50m、拆除点—堆放点运距为170m。

（4）测定100m² 现浇无梁板：支撑钢铁件为0.078t、木材为0.282m³；竹模板接触面积为105m²。

2. 要求：根据资料计算该模板工程现浇无梁板竹模板项目的总劳动力用工数量。

3. 劳动力用工计算：

（1）计算依据：《建设工程劳动定额 建筑工程—模板工程》LD/T 72.6—2008、《建设工程劳动定额 建筑工程—材料运输及加工工程》LD/T 72.1—2008。

（2）公式：用工数量（工日）＝∑（各项计算量×时间定额）。

（3）用工具体计算如表9-5所示。

现浇平板劳动力用工计算表　　表9-5

项目名称	单位	计算量	劳动定额编号	时间定额	用工数量 工日/100m²
现浇无梁板竹模板	10m²	10.5	AF0161（一）	1.93	20.27
现浇无梁板上留方洞	10 个	0.1	AF0138（一）×0.770 【表9（续）注4】	0.564	0.056
现浇无梁板上留圆洞	10 个	0.1	AF0140（一）×0.770 【表9（续）注4】	0.770	0.077
竹模板超运 20m 堆放—制作	10m²	10.5	表1超运距加工表 超运距≤20m	0.138	1.45

项目名称	单位	计算量	劳动定额编号	时间定额	用工数量 工日/100m²
竹模板超运20m制作—堆放	10m²	10.5	表1超运距加工表 超运距≤20m	0.138	1.45
竹模板超运140m拆除	10m²	10.5	表1超运距加工表 超运距≤80m	0.193	2.03
		10.5	表1超运距加工表 每超20m增加(车子)	0.021	0.221
铁件超运20m堆放—制作	t	0.078	AA0176(一)	0.212	0.017
铁件超运140m拆除	t	0.078	AA0176(一)	0.212	0.017
		0.078	AA0176(二)×2	0.044	0.003
木材超运20m堆放—制作	m³	0.282	AA0032(一)	0.164	0.046
木材超运20m制作—堆放	m³	0.282	AA0032(一)	0.164	0.046
木材超运140m拆除	m³	0.282	AA0032	0.32	0.09
合计用工					25.773

注：每100m²现浇平板劳动力用工没包括材料场外运输。

（4）某工程150m²的现浇平板竹模板劳动力用工（没包括材料场外运输）：

$$1.5 \times 25.773 \approx 38.66（工日）$$

4. 结论：某工程150m²现浇平板竹模板总劳动力用工数量为38.66工日。

9.1.6 钢筋工程现浇平板钢筋制安的劳动力用工计算

1. 资料：

（1）某工程有150m²现浇平板，板厚250mm，板上有300mm×300mm方孔和直径300mm圆孔的空洞，采用塔吊运输。

（2）工作内容包括：1）熟悉施工图纸，布置操作地点，领退料具，队组自检互检，机械加油加水，排除一般机械故障，保

228

养机具，操作完毕后的场地清理等。2）钢筋制作：①平直：包括取料、解捆、开折、平直（调直、拉直）及钢筋必要的切断，分类堆放到指定地点及运距≤30m的原材料搬运等（不包括过磅）。②切断：包括配料、画线、标号、堆放及操作地点的材料取放和清理钢筋等。③弯曲：包括放样、画线、弯曲、捆扎、标号、垫楞、堆放、覆盖以及操作地点运距≤30m材料和半成品的取放。3）钢筋绑扎：清理模板内杂物，烧断铁丝按设计要求将钢筋绑扎成型并放入模内。4）现浇构件除另有规定外，包括安防面板和重量＞30kg的物体不包括入模和安放垫块。5）运距≤60m的地面水平运输和取放半成品，现浇构件还包括搭拆简单架子和人力一层、机械六层（或高≤20m）的垂直运输，以及建筑物底层或楼层的全部水平运输。

（3）材料取料点—加工点超运距为50m，制作点—堆放点超运距为50m，堆放点—安装点超运距为100m。

（4）经测算每吨钢筋各种规格为：$\phi 6$ 为 0.011t，$\phi 8$ 为 0.150t，$\phi 10$ 为 0.440t，$\phi 12$ 为 0.041t，$\phi 14$ 为 0.358t，其中 $\phi 6$、$\phi 8$、$\phi 12$ 为弯成型，$\phi 10$、$\phi 14$ 为直筋。

2. 要求：根据资料计算现浇平板的钢筋制安劳动力总用工数量。

3. 劳动力用工计算：

（1）计算依据：《建设工程劳动定额　建筑工程—钢筋工程》LD/T 72.7—2008、《建设工程劳动定额　建筑工程—材料运输及加工工程》LD/T 72.1—2008。

（2）公式：用工数量（工日）＝∑（各项计算量×时间定额）。

（3）用工具体计算如表9-6所示。

现浇平板劳动力用工计算表　　　　表9-6

项目名称	单位	计算量	劳动定额编号	时间定额	用工数量 工日/t
现浇板钢筋 $\phi \leqslant 12$	t	0.642	AG0075(一)	4.69	3.010
现浇板钢筋 $\phi > 12$	t	0.358	AG0076(一)	4.08	1.460

项目名称	单位	计算量	劳动定额编号	时间定额	用工数量 工日/t
钢筋超运距为 50m(取料—加工)	t	1.000	表1 超运距加工表 盘圆、直筋超运距≤50m	0.161	0161
钢筋超运距为 50m(制作—堆放)	t	0.202	表1 超运距加工表 弯成型超运距≤50m	0.221	0.045
钢筋超运距为 50m(制作—堆放)	t	0.798	表1 超运距加工表 直筋超运距≤50m	0.161	0.128
钢筋超运距为 100m(堆放—安装)	t	0.202	表1 超运距加工表 弯成型超运距≤120m	0.242	0.049
钢筋超运距为 100m(堆放—安装)	t	0.798	表1 超运距加工表 直筋超运距≤120m	0.176	0.140
合计用工					4.993

注：每吨现浇平板劳动力用工没包括材料场外运输。

（4）某工程 150m² 的现浇平板，现浇平板钢筋劳动力用工（没包括材料场外运输）：

$$3.0×4.993＝14.979（工日）$$

4. 结论：某工程 150m² 现浇平板钢筋制安的总劳动力用工数量为 14.979 工日。

9.1.7 混凝土工程现浇平板的劳动力用工计算

1. 资料：

（1）某混凝土工程 150m² 现浇平板，板厚 250mm，混凝土工程量为 37.5m³，板上有 300mm×300mm 方孔和直径 300mm 圆孔的空洞，混凝土 C20、现场机械搅拌混凝土，塔吊运输。

（2）工作内容包括：①熟悉施工图纸，布置操作地点，领退料具，队组自检互检，机械加油加水，排除一般机械故障，保养机具，操作完毕后的场地清理等。②搅拌：砂石等原材料的装卸、运输、过磅、过斗，人工加水，调加附加剂，出料口扒溜子，机具冲洗等。③捣固：混凝土的装卸、运输、搭、移、拆运浇捣范围内所需的临时循环交叉道板和马凳，安放移动溜子、木槽，补模板缝隙，清除模板内杂物和撒在模板外的混凝土并浇水湿润，摆放楼地面的水泥垫块，检查其他构件的垫块，混凝土的传递、捣实、抹平及覆盖第一次养护物，配合试验人员做试块及坍落度试验等全部操作过程。

（3）混凝土超运距取定为 100m，材料石子、砂超运距为 50m。

（4）经测算 10m³ 混凝土现浇平板需混凝土 10.15m³（碎石为 8.42m³、水泥为 3.44t、砂子为 4.87m³）、草袋子 14.22m²（15 个）。

2. 要求：根据资料计算现浇混凝土平板的劳动力用工数量。

3. 每 10m³ 现浇平板劳动力用工计算：

（1）计算依据：《建设工程劳动定额　建筑工程—混凝土工程》LD/T 72.8—2008、《建设工程劳动定额　建筑工程—材料运输及加工工程》LD/T 72.1—2008。

（2）公式：用工数量（工日）＝∑（各项计算量×时间定额）。

（3）用工具体计算如表 9-7 所示。

现浇平板劳动力用工计算表 　　　　　　　　　表 9-7

项目名称	单位	计算量	劳动定额编号	时间定额	用工数量 工日/10m³
现浇混凝土板	m³	10.15	AH0059（一）	0.830	8.42
混凝土超运 100m	m³	10.15	表 1 超运距加工表 超运距在 100m 以内 双轮车	0.091	0.924
散水泥超运 50m	t	3.44	AA0136（二）	0.038	0.131
石子超运 50m	m³	8.42	表 1 超运距加工表 超运距在 50m 以内 双轮车	0.047	0.396
砂子超运 50m	m³	4.87	表 1 超运距加工表 超运距在 50m 以内 双轮车	0.027	0.131
草袋子超运 50m	100 个	0.15	AA0155（二）	0.020	0.003
合计用工					10.005

注：每 10m³ 现浇平板劳动力用工没括括材料场外运输。

(4) 某工程 150m² 的现浇平板混凝土劳动力用工（没包括材料场外运输）：

$$3.75 \times 10.005 \approx 37.52 （工日）$$

4. 结论：某工程 150m² 现浇平板混凝土总劳动力用工数量为 37.52 工日。

9.1.8 钢屋架劳动力用工计算

1. 资料：

(1) 某工程一层，有钢屋架 15t（每榀屋架重 1.5t）；

(2) 工作内容包括：钢屋架制作、拼装、安装及钢屋架超运距为 100m。

2. 要求：根据资料计算 15t 钢屋架劳动力用工数量。

3. 劳动力用工计算：

(1) 计算依据：《建设工程劳动定额 建筑工程—金属结构工程》LD/T 72.10—2008。

(2) 计算公式：用工数量（工日）=∑（各项计算量×时间定额）。

(3) 用工具体计算如表 9-8 所示。

钢屋架劳动力用工计算表　　　表 9-8

项目名称	单位	计算量	劳动定额编号	时间定额	用工数量 工日
钢屋架制作	t	15	AJ0001（二）	12.350	185.250
钢屋架拼装	t	15	AJ0001（三）	2.359	35.385
钢屋架安装	t	15	AJ0001（四）	2.886	42.290
钢屋架超运 100m	t	15	表 1 超运距加工	0.490	7.350
合计用工					270.275

4. 结论：15t 钢屋架劳动力用工总数量为 270.275 工日。

9.1.9 实腹钢柱劳动力用工计算

1. 资料：

(1) 某工程一层，有实腹钢柱 40t（每榀钢柱重 2.0t）；

(2) 工作内容包括：实腹钢柱制作及安装。

2. 问题：根据资料计算 40t 实腹钢柱的劳动力用工数量。

3. 实腹钢柱劳动力用工计算：

（1）计算依据：《建设工程劳动定额 建筑工程—金属结构工程》LD/T 72.10—2008。

（2）计算公式：用工数量（工日）＝∑（各项计算量×时间定额）。

（3）用工具体计算如表 9-9 所示。

实腹钢柱劳动力用工计算表 表 9-9

项目名称	单位	计算量	劳动定额编号	时间定额	用工数量
					工日
实腹钢柱制作	t	40	AJ0015（二）	11.000	440.000
实腹钢柱安装	t	40	AJ0015（三）	6.859	274.360
合计用计					714.360

4. 结论：某工程 40t 实腹钢柱的劳动力用工总数量为714.360 工日。

9.1.10 高聚物改性沥青屋面防水工程劳动力用工计算

1. 资料：

（1）某工程高层 12 层，屋面高聚物改性沥青卷材防水。

（2）工作内容包括：清理基层、填平、刮平局部凹凸、涂刷基层处理剂、熔贴等。

（3）工程量经测算为：卷材屋面防水 476m²；其中平屋面为380m²、弧形屋面 30m²、天沟为 66m²，双层热熔铺贴；材料运距为 190m，卷材用量为 1175m²（即 59 卷），基层处理剂用量为375kg。

2. 要求：根据资料计算高聚物改性沥青卷材屋面防水工程的总用工数量。

3. 本工程卷材屋面防水双层热熔铺贴劳动力用工计算：

（1）计算依据：《建设工程劳动定额 建筑工程—防水工程》LD/T 72.9—2008。

（2）公式：用工数量（工日）＝∑（各项计算量×时间定额×

系数）。

（3）用工具体计算如表9-10所示。

高聚物改性沥青卷材屋面防水劳动力用工计算表　表9-10

项目名称	单位	计算量	劳动定额编号	时间定额	系数	用工数量工日
平屋面	10m²	38	AI0020	0.200	1.8	13.68
弧形屋面	10m²	3	AI0021	0.259	1.8	1.40
天沟	10m²	6.6	AI0023	0.314	1.8	3.73
小计						18.81
高层增加用工	表3 高层建筑增加用工系数			18.81×0.15	1.15	2.82
卷材超运90m	100卷	0.59	表1超运加工表	0.079		0.047
处理剂超运90m	t	0.375	表1超运加工表	0.246		0.092
合计用工						21.77

注：按照《建设工程劳动定额　建筑工程—防水工程》LD/T 72.9—2008 第
　　3.7.7 条规定：高聚物改性沥青卷材，以铺单层为准，铺双层者按其相应项
　　目的时间定额乘以 1.8 系数。

4. 结论：完成某工程 12 层屋面高聚物改性沥青卷材防水总
用工数量为 21.77 工日。

9.1.11　天棚抹白灰（石灰）砂浆的劳动力用工计算

1. 资料：

（1）某工程天棚面抹白灰（石灰）砂浆三遍。

（2）工程量：第七至十层共计抹白灰砂浆面积 3116m²。其
中每间面积在 8m² 以内的抹灰面积为 311m²。

（3）砂浆、石灰膏、水泥地面水平运距 95m。楼层全面采用
机械吊运。

（4）机械搅拌砂浆（不包括机械操作工）。

（5）工作内容：包括清扫、冲洗基层、洒水；堵脚手眼、堵
架管支模眼，挂线、设置标志、标筋、递灰、接灰、找平、抹

灰、抹面、亚光、清除残灰和落地灰；搭拆施工高度在 3.3m 以内的简单架子翻板子及全部操作过程。

2. 要求：根据资料计算天棚抹白灰（石灰）砂浆的用工数量。

3. 第七至十层天棚抹白灰砂浆劳动力用工计算：

（1）计算依据：《建设工程劳动定额 装饰工程—抹灰与镶贴工程》LD/T 73.1—2008。

（2）公式：用工数量（工日）＝∑（各项计算量×时间定额）。

（3）用工具体计算如表 9-11 所示。

天棚抹白灰劳动力用工数计算表 表 9-11

项目名称	单位	计算量	劳动定额（或说明条款）编号	时间定额	时间定额计算式	用工数量
						工日
天棚抹白灰砂浆三遍	10m²	280.50	BA0008 3.6.13 条 3.7.2 条	0.925	（0.575＋0.227 ×0.92）×1.18	259.46
天棚抹白灰砂浆三遍 8m² 以内	10m²	31.10	BA0008 3.6.13 条 3.7.2 条 3.6.8 条	1.156	（0.575＋0.227 ×0.92） ×1.18×1.25	35.95
超高增加用工	表 3 高层建筑增加用工系数				（259.46＋35.95） ×（1.1-1.0）	29.54
抹灰砂浆超运距用工（95m－50m）	10m²	311.60	表 1 超运距加工	0.050		15.58
合计用工						340.53

注：1.《建设工程劳动定额 装饰工程—抹灰与镶贴工程》LD/T 73.1—2008 第 3.6.13、3.7.2 条款规定：抹灰及贴面以使用机械搅拌砂浆为准（包括司机），如不包括司机其调运砂浆时间定额乘以 0.92 系数。按普通抹灰两遍考虑，如涉及做三遍者，其综合时间定额乘以 1.18 系数。

2.《建设工程劳动定额 装饰工程—抹灰与镶贴工程》LD/T 73.1—2008 第 3.6.8 条规定：室内地面和内天井面积≤8m²，按各种抹灰的综合时间定额乘以 1.25 系数。

4. 结论：完成该天棚抹白灰（石灰）砂浆项目的总用工数量为 340.53 工日。

9.1.12 木门框及门扇制作安装的劳动力用工计算

1. 资料：

（1）六层以下木门 10 樘，门框为杉木，门扇为杉木骨架，胶合面板；原材料地面水平运距为 50m。半成品地面水平运距为 100m，楼层全部采用机械吊运。

（2）门框规格尺寸宽为 1.08m、高为 2.09m；门扇宽为 0.994m，高为 2.04m。

（3）木门框制作设计为双榫双裁口；先砌墙后安门。

（4）使用截锯机、手压刨机操作其他工序为手工操作。

（5）工作内容：包括选料、配料、截料、拼缝，使胶、钉子、加楔、净面、制成成品、钉斜拉条，门扇修理、裁口，安装合页，拆除拉条等全部操作内容。

2. 要求：根据资料计算 10 樘木门框及门扇制作安装用工数量。

3. 每 10 樘木门制作安装（门框和门扇）劳动力用工计算：

（1）计算依据：《建设工程劳动定额　装饰工程—门窗及木装饰工程》LD/T 73.2—2008。

（2）计算公式：用工数量（工日）＝∑（各项计算量×时间定额）。

（3）用工具体计算如表 9-12 所示。

每 10 樘木门制作安装劳动力用工计算表　　　　表 9-12

项目名称	单位	计算量	劳动定额编号	时间定额	时间定额计算式	用工数量 工日/10 樘
木门框制作周长 8m 以内	樘	10	BB0002、表 5(续)注 1 3.6.9 条	0.306	0.309×1.10×0.9	3.06
木门框安装	樘	10	BB0059 表 8 注 3	0.125	0.10×1.25	1.25
木门扇制作二块板	扇	10	BB0067 3.6.9 条	0.866	0.962×0.9	8.66

项目名称	单位	计算量	劳动定额编号	时间定额	时间定额计算式	用工数量 工日/10樘
木门扇安装	扇	10	BB0159	0.162		1.62
木门窗框超运距用工50m	100樘	0.10	3.4.2条表1超运距加工	0.626		0.063
木门扇超运距用工50m	100扇	0.10	3.4.2条表1超运距加工	0.688		0.069
合计用工						14.722

注:《建设工程劳动定额 装饰工程—门窗及木装饰工程》LD/T 73.2—2008第3.6.9条规定:本标准以使用一般工具,手工操作为准,施工现场如有部分机械设备,其制作时间定额乘以0.9系数。

4. 结论:完成10樘木门框及门扇制作安装总用工数量为14.722工日。

9.1.13 墙面刷乳胶漆的劳动力用工计算

1. 资料:

(1) 某装饰工程室内墙面刷乳胶漆项目,建筑层高3m,层数7层,墙面为抹灰墙面;

(2) 经计算刷乳胶漆工程量为2000m²,要求为两遍底漆,三遍面漆;

(3) 工作内容为:清扫、配浆、磨砂纸、刮腻子、刷乳胶漆等。材料水平运距50m。

2. 要求:根据资料计算抹灰面内墙面刷乳胶漆的用工数量。

3. 劳动力用工计算:

(1) 计算依据:《建设工程劳动定额 装饰工程—油漆、涂料、裱糊工程》LD/T 73.3—2008。

(2) 公式:用工数量(工日)=Σ(各项计算量×时间定额)。

(3) 用工具体计算如表9-13所示。

4. 结论:刷墙面乳胶漆2000m²劳动力总用工数量为188.16工日。

墙面乳胶漆（两遍底漆三遍面漆）劳动力用工计算表

表 9-13

项目名称	单位	计算量	劳动定额编号	时间定额	系数	用工数量 工日
墙面乳胶漆一遍底涂,两遍面漆	10m²	200m²	BC0199	0.621		124.20
增刷乳胶漆底漆一遍	10m²	200m²	BC0202	0.135		27
增刷乳胶漆面漆一遍	10m²	200m²	BC0203	0.14		28
高层建筑增加用工			表1高层建筑增加用工系数	179.2×0.05	1.05	8.96
合计用工						188.16

9.2 基础定额计算实例

9.2.1 土（石）方工程

1. 项目名称：挖基础土方

如图 9-1 所示，人工开挖一矩形基坑，已知土壤类别为四类土，开挖时左右两侧放坡，上下两侧支挡土板，挖土平均厚度为 2.2m，求挖坑土方工程量。

放坡系数表　　　　表 9-14

土壤类别	放坡起点(m)	人工挖土	机械挖土	
			在坑内作业	在坑上作业
一、二类土	1.20	1：0.5	1：0.33	1：0.75
三类土	1.50	1：0.33	1：0.25	1：0.67
四类土	2.00	1：0.25	1：0.10	1：0.33

定额工程量（由于土质类别为四类土，查表 9-14 得放坡系数 $K=0.25$；基坑开挖时上下两侧支挡土板，基坑底宽应加 20cm，然后按增加后尺寸以体积计算）：

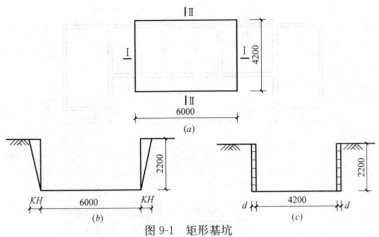

图 9-1　矩形基坑

注：d—挡土板厚度；K—放坡系数。

(a) 平面图；(b) Ⅰ-Ⅰ剖面图；(c) Ⅱ-Ⅱ剖面图

$$\begin{aligned}
挖基坑土方量 &=(6.0+KH)\times2.2\times(4.2+0.2)\\
&=(6.0+0.25\times2.2)\times2.2\times4.4\\
&=63.40\text{m}^3
\end{aligned}$$

套用基础定额 1-21。

2. 项目名称：土（石）方回填

某建筑物基础沟槽如图 9-2 所示，已知该建筑场地回填土平均厚度为 500mm，土质类别为三类土，沟槽采用放坡人工开挖，基础类型为砖基础，求：

(1) 该场地回填土工程量；

(2) 基础回填土工程量；

(3) 室内回填土工程量。

解：

(1) 场地回填定额工程量

$$\begin{aligned}
场地回填面积 &=[(3.0\times2+3.6\times3+1.0)\times(2.4+3.6+\\
&\quad 1.0)-(3.6\times3-1.0)\times2.4]\\
&=(17.8\times7.0-24.5)\\
&=100.10\text{m}
\end{aligned}$$

239

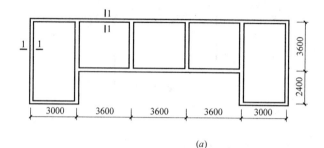

(a)

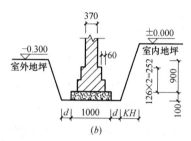

图 9-2　基础沟槽

注：d—工作面宽度；K—放坡系数。

（a）平面图；（b）剖面图

场地回填工程量＝场地回填面积×平均回填厚度

$$=100.10\times0.5$$

$$=50.05\text{m}^3$$

套用基础定额 1-46。

（2）基础回填定额工程量

外墙沟槽中心线长度＝$[(3.0\times2+3.6\times3)+(2.4+3.6+2.4)]\times2$

$$=50.4\text{m}$$

砖基础施工所需工作面宽度 $d=200\text{mm}$

内墙沟槽净长度＝$(3.6-1.4)\times4$

$$=8.8\text{m}$$

沟槽总长度＝内墙沟槽净长度＋外墙沟槽中心线长度

$$=(8.8+50.4)=59.2\text{m}$$

人工挖三类土沟槽的放坡系数 $K=0.33$，所以 $KH=0.33\times$ 1.0m$=0.33$m

沟底总宽度$=(1.0+2\times0.2)=1.4$m

沟槽断面面积$=(1.4+0.33)\times1.0=1.73$m^2

挖方体积$=$沟槽断面面积$\times$沟槽总长度$=1.73\times59.2=102.42$m^3

套用基础定额 1-8。

基础垫层体积$=0.1\times1.0\times60.8=6.08$m^3

砖基础体积$=(0.126\times0.06\times6\times63.32+0.37\times0.9\times63.32)$
$$=23.96\text{m}^3$$

基础回填土方量$=$挖方体积$-$基础垫层体积$-$砖基础体积
$$=(102.42-6.08-23.96)$$
$$=72.38\text{m}^3$$

套用基础定额 1-46。

（3）室内回填定额工程量

1）主墙间面积$=[(3.0-0.37)\times(3.6+2.4-0.37)\times2+$
$$(3.6-0.37)\times(3.6-0.37)\times3]$$
$$=(29.6138+31.2987)$$
$$=60.91\text{m}^2$$

2）回填土厚度为 0.3m

3）室内问填土工程量$=$主墙间面积$\times$回填土厚度
$$=60.91\times0.3$$
$$=18.27\text{m}^3$$

套用基础定额 1-46。

3. 项目名称：平整场地

采用 100kW 的推土机从 60m 处推土方平整如图 9-3 所示的地坑，求推土机推土方工程量（四类土）。

定额工程量：

推土机推土方工程量按图示尺寸以体积计算。

地坑面积$=6\times6=36$m^2

推土机推土方工程量$=$地坑底面积$\times$地坑深度

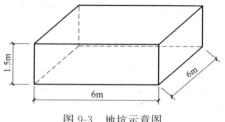

图 9-3　地坑示意图

$$=36\times1.5=54.00m^3$$

套用基础定额 1-127。

9.2.2　桩与地基基础工程

1. 项目名称：预制钢筋混凝土桩

某工程桩如图 9-4 所示，求其桩工程量。

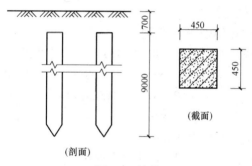

图 9-4　桩基

定额工程量：

打桩工程量 $=0.45\times0.45\times9.0\times2=3.65m^3$

送桩：按桩截面面积乘以送桩长度（即打桩架底至桩顶面高度或自桩顶面至自然地面加 0.5m）计算。

送桩工程量 $=0.45\times0.45\times(0.7+0.5)\times2=0.243\times2=0.49m^3$

桩长在 12m 以内，土质为二类土。

套用基础定额 2-2。

2. 项目名称：接桩

某工程采用钢筋混凝土方桩基础，设计桩全长 15m，单桩长

5m，用硫磺胶泥接桩，每个承台下有 4 根桩，共有承台 50 座，现浇承台基础示意图如图 9-5、图 9-6 所示，计算其打桩、送桩、接桩的工程量，并套用定额。

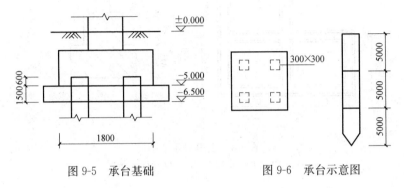

图 9-5　承台基础　　　　　图 9-6　承台示意图

定额工程量：

根据计算规则，按桩全长不扣除桩尖虚体积，以 m³ 计算，则：

$$V_{打桩}=0.3\times0.3\times(5+5+5)\times4\times50=270.00m^3$$

$$V_{送}=0.3\times0.3\times(5.0-0.6+0.5)\times4\times50=88.20m^3$$

接桩计算时，硫磺胶泥接桩按桩断面面积以平方米计算，则：

$$V_{接}=0.3\times0.3\times(3-1)\times4\times50=36.00m^2$$

打桩工程套用基础定额 2-1，送桩套用基础定额 2-7，接桩套用基础定额 2-35。

9.2.3　砌筑工程

1. 项目名称：砖基础

如图 9-7 所示，某基础平面图与剖面图，试计算其砖基础工程量。

定额工程量：

$$L_{外}=(12+12)\times2=48m$$

$$L_{内}=(6.0-0.24)\times2=11.52m$$

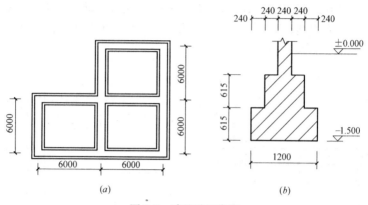

图 9-7 砖基础示意图

（a）基础平面示意图；（b）基础剖面示意图

$$V_{砖基}=(48+11.52)\times(1.2\times0.615+0.72\times0.615+0.24\times$$
$$0.27)$$
$$=59.52\times1.25=74.4m^3$$

套用基础定额 4-1。

2. 项目名称：实心砖墙

如图 9-8 所示，试计算砌砖工程量（门窗表见表 9-15）。

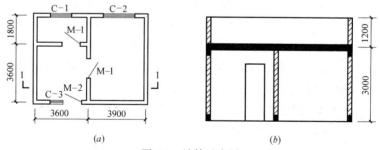

图 9-8　墙体示意图

注：墙厚均为 240mm。

（a）平面图；（b）1-1 剖面图

定额工程量：

外墙中心线长度

门窗表		表 9-15
门窗编号	尺寸(mm×mm)	数　量
C-1	1500×1500	1
C-2	2100×1500	1
C-3	1200×1500	1
M-1	900×1800	2
M-2	900×2100	1

$$L_{外}=(3.6+3.9+3.6+1.8)×2=25.8m$$

内墙净长度

$$L_{内}=(3.6-0.24+3.6+1.8-0.24)=8.52m$$

门窗洞口所占体积

C-1 工程量：$1.5×1.5×0.24=0.54m^3$

C-2 工程量：$2.1×1.5×0.24=0.756m^3$

C-3 工程量：$1.2×1.5×0.24=0.432m^3$

M-1 工程量：$0.9×1.8×0.24×2=0.778m^3$

M-2 工程量：$0.9×2.1×0.24=0.454m^3$

则门窗洞口所占体积

$$V_{洞口}=(0.54+0.756+0.432+0.778+0.454)=2.96m^3$$

墙体工程量

$V_{墙}=$（外墙中心线长度＋内墙净长度）×墙厚×墙高－门窗洞口所占体积

$$=\{[25.8×(3.0+1.2)+8.52×3.0]×0.24-2.96\}=29.1m^3$$

套用基础定额 4-4。

9.2.4　混凝土及钢筋混凝土工程

1. 项目名称：矩形柱

计算如图 9-9 所示钢筋混凝土柱混凝土工程量。

定额工程量：

$$V=[0.6×0.4×(7.5+0.4×2+3.0)+0.4×0.4×0.4+1/$$
$$2×0.4×0.4×0.4]m^3$$
$$=2.81m^3$$

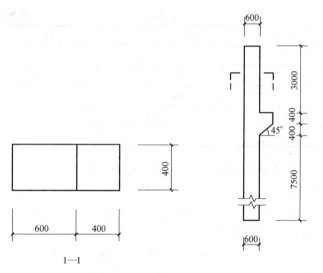

图 9-9　钢筋混凝土柱

套用基础定额 5-402。

2. 项目名称：异形梁

如图 9-10 所示，求花篮形梁混凝土工程量。

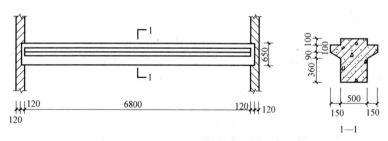

图 9-10　花篮形梁示意图

定额工程量：

$$=[(6.8+0.12\times2)\times0.5\times(0.36+0.09+0.1\times2)+0.1\times$$
$$0.15\times6.8\times2+0.15\times0.09\times1/2\times6.8\times2]m^3$$
$$=(2.288+0.204+0.0918)m^3$$
$$=2.58m^3$$

套用基础定额 5-407。

3. 项目名称：直形墙

如图 9-11 所示，某框剪结构一段剪力墙板，墙厚 240mm，组合钢模板、钢支撑，求该现浇混凝土墙混凝土工程量。

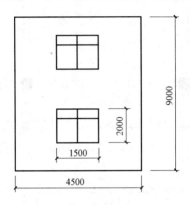

图 9-11　剪力墙板示意图

定额工程量：
$$V=[(4.5×9-1.5×2×2)×0.24]=8.28m^3$$
套用基础定额 5-412。

4. 项目名称：有梁板

如图 9-12、图 9-13 所示，楼面板为钢筋混凝土现浇板，板底标高为+4.100m，板厚为 100mm，次梁断面尺寸为 300mm×500mm，主梁断面尺寸为 300mm×650mm，混凝土强度等级为 C30，柱尺寸为 600mm×600mm，试用定额方法计算现浇钢筋混凝土有梁板混凝土工程量。

定额工程量：
$$V=\{0.1×(3.0-0.3)×(7.5-0.3)×3+[(7.5-0.6)×$$
$$2+(9.0-0.6)×2]×0.3×0.65$$
$$+(7.5-0.3)×2×0.3×0.5-0.15×0.15×0.1×4\}m^3$$
$$=13.97m^3$$
套用基础定额 5-417。

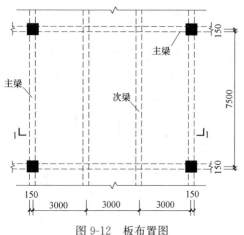

图 9-12　板布置图

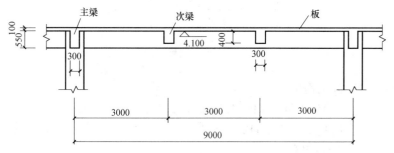

图 9-13　1-1 剖面图

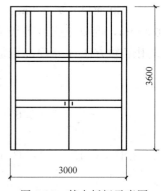

图 9-14　某木板门示意图

9.2.5　厂库房大门、特种门、木结构工程

项目名称：木板大门

某厂房大门为一木板大门，如图 9-14 所示，平开式不带采光窗，有框第二扇门，洞口尺寸 3m×3.6m，刷底油一遍、调合漆两遍。

定额工程量：

$3×3.6=10.8m^2$

门扇制作套用基础定额 7-131，门扇安装套用基础定额 7-132。

9.2.6 金属结构制作与安装工程

项目名称：钢屋架

如图 9-15 所示，计算钢屋架工程量。

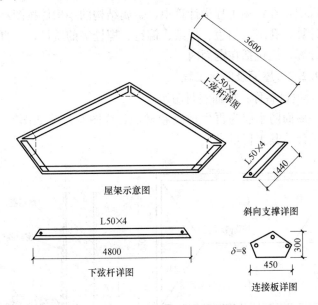

图 9-15　钢屋架示意图

定额工程量：

L50×4 的理论质量为 3.059kg/m，8mm 厚钢板的理论质量为 62.8kg/m²。

（1）屋架上弦工程量：

　　　3.6m×3.059kg/m×2＝22.02kg≈0.022t

（2）屋架斜杆工程量：

　　　1.44m×3.059kg/m×2＝8.81kg≈0.009t

（3）屋架下弦工程量：

　　　4.8m×3.059kg/m＝14.68kg≈0.015t

（4）连接板工程量：

62.8kg/m² × 0.45m × 0.3m × 3 = 25.43kg ≈ 0.025t

（5）总的预算工程量：

(0.022 + 0.009 + 0.015 + 0.025)t = 0.071t

套用基础定额 12-7。

说明：在定额工程量计算中，金属结构的小构件按图示尺寸进行计算，孔眼、切边、焊条、铆钉、螺栓等的质量，不再拿出来另计算，已包括在定额内。

9.2.7 屋面及防水工程

1. 项目名称：屋面卷材防水

一屋面防水层为再生橡胶卷材，其详图及尺寸如图 9-16 所示，试计算其工程量。

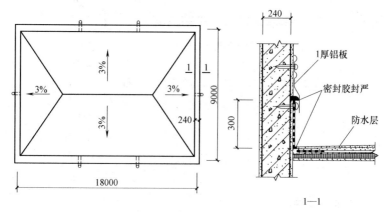

图 9-16　卷材防水屋面平面图

定额工程量：

工程量＝屋面平面面积＋女儿墙处弯起面积

$$= [(18 - 0.24) \times (9.0 - 0.24) + (9.0 - 0.24 + 18 - 0.24) \times 2 \times 0.3] m^2$$

$$= (155.58 + 15.91) m^2$$

$$= 171.49 m^2$$

套用基础定额 9-91。

2. 项目名称：屋面刚性防水

如图 9-17 所示，屋面采用屋面刚性防水，采用 40mm 厚 1:2 防水砂浆，油膏嵌缝，50mm 厚 C30 细石混凝土，求其工程量。

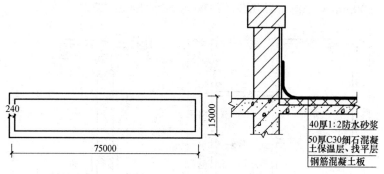

图 9-17　刚性防水屋面平面图

定额工程量：

$$[(75.0-0.24)\times(15.0-0.24)]m^2=1103.46m^2$$

套用基础定额 9-112。

3. 项目名称：变形缝

某工程在如图 9-18 所示位置处设置一道地面伸缩缝，用油浸麻丝填缝，墙厚 240，试求伸缩缝工程量并套定额。

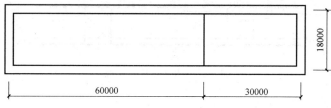

图 9-18　地面伸缩缝示意图

定额工程量：

地面伸缩缝油浸麻丝工程量＝18.0－0.24m＝17.76m

套用基础定额 9-136。

9.2.8　防腐、保温、隔热工程

项目名称：保温隔热墙

如图 9-19、图 9-20 所示，计算沥青矿渣保温层的工程量，其中门侧面的保温层同墙面做法，且 M-1：1500mm×2400mm，M-2：1000mm×1800mm，LC-1：900mm×1200mm，LC-2：1500mm×1800mm，LC-3：1800mm×2400mm。

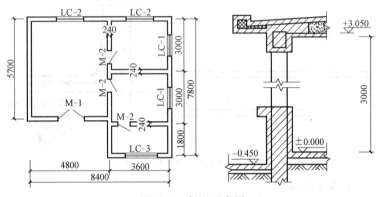

图 9-19　保温示意图

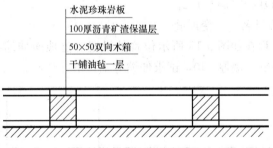

图 9-20　水泥珍珠岩板墙

定额工程量：

外墙边线长 $L_{外}$ =(4.8+3.6+7.8+8.4+5.7+2.1)m=32.4m

内墙边线长 $L_{内}$ =[(3.6-0.24)×4+(5.7-0.24)×2-(0.24+0.05)×4]m

=(13.44+10.92-1.16)m=23.2m

则墙体保温隔热层的总长度 L = $L_{外}$ + $L_{内}$ =(32.4+23.2)m=55.6m

应扣除的体积＝[(1.5×2.4＋1×1.8×6＋0.9×1.2×2＋

$\qquad$ 1.5×1.8×2＋1.8×2.4)×0.1]m³

$\qquad$ ＝(26.28×0.1)m³

$\qquad$ ＝2.628m³

则墙体保温隔热层的工程量为：

$\qquad$ (55.6×3×0.1－2.628)m³ ＝(16.68－2.628)m³

$\qquad\qquad\qquad$ ＝14.05m³

套用基础定额10-217。

9.3 装饰装修工程消耗量定额计算实例

9.3.1 楼地面工程

1. 如图 9-21 所示，计算厨房大理石面层的工程量。

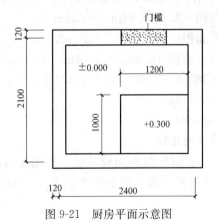

图 9-21　厨房平面示意图

定额工程量：

工程量＝(2.4－0.24)×(2.1－0.24)－1.2×1

$\qquad$ ＝2.82m²

套用消耗量定额 1-003。

2. 图 9-22 所示，地面面层为塑料平口板面层，试计算其工程量。

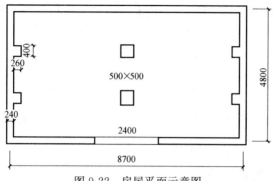

图 9-22 房屋平面示意图

定额工程量：

工程量＝室内地面面积＋门洞面积－柱所占面积－墙垛所占面积

1）室内地面面积＝(8.7－0.24)×(4.8－0.24)m²＝38.58m²

2）门洞面积＝2.4×0.24m²＝0.58m²

3）柱所占面积＝0.5×0.5×2m²＝0.5m²

4）墙垛所占面积＝0.26×0.4×4m²＝0.42m²

工程量＝(38.58＋0.58－0.5－0.42)m²
　　　　＝38.24m²

套用消耗量定额 1-111。

9.3.2 墙柱面工程

1. 如图 9-23、图 9-24 所示建筑物，外墙装饰面采用不锈钢骨架上干挂花岗石板，施工图如图 9-25 所示，试求钢骨架的工程量。

定额工程量：

工程量＝[(3.6×2＋6.6＋4.5＋0.12×2×2)×2×4.8－2.1
　　　　×1.8－1.2×1.8×4－1.2×2.0－(3.2＋3.2＋0.3
　　　　×2)×0.15]m²×10.60kg/m²

＝164.42m²×10.60kg/m²

＝1742.85kg

＝1.74t

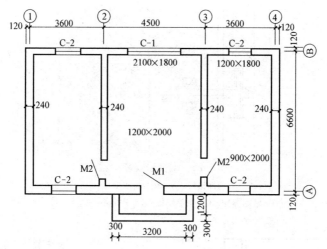

图 9-23　某建筑平面示意图

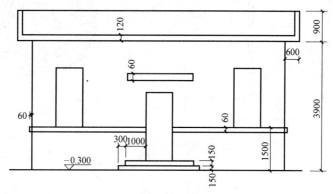

图 9-24　某建筑立面示意图

套用消耗量定额 2-075。

2. 如图 9-26 所示独立柱中，柱装饰面采用干挂花岗石板，板厚 60mm，试求该装饰面的工程量。

定额工程量：

工程量＝[3.14×(0.9＋0.3＋0.06)×4.8]m²＝18.89m²

套用消耗量定额 2-066。

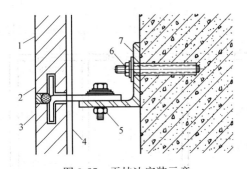

图 9-25　干挂法安装示意

1—石板；2—不锈钢销钉；3—板材钻孔；4—玻钎布增强层；

5—紧固螺栓；6—胀铆螺栓；7—L形不锈钢连接件

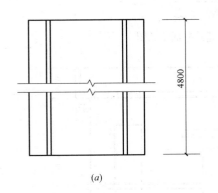

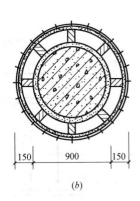

(a)　　　　　　　　　　　　(b)

图 9-26　石材柱面

(a) 立面图；(b) 剖面图

3. 某钢筋混凝土梁如图 9-27 所示，梁表面镶贴大理石面层，试计算该梁装饰面的定额工程量。

定额工程量：

工程量＝[(0.45×2＋0.3＋0.02×2)×6.9]m² ＝8.56m²

套用消耗量定额 2-034。

9.3.3　天棚工程

1. 某办公室顶棚吊顶如图 9-28 所示：已知顶棚采用不上人装配式 V 形轻钢龙骨石膏板，面层规格为 600mm×600mm，计算天棚吊顶工程量。

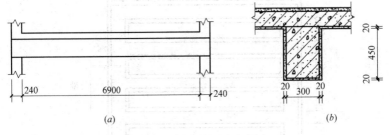

图 9-27　某混凝土梁示意图

（a）立面图；（b）剖面图

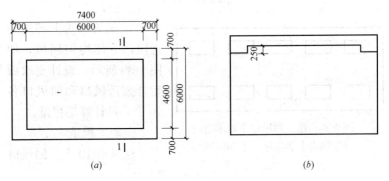

图 9-28　平面图

（a）平面图；（b）1-1 剖面图

定额工程量：

1）轻钢龙骨顶棚工程量：$6×7.4m^2＝44.40m^2$

2）石膏板面层工程量：

$$[7.4×6+0.25×(4.6+6.0)×2]m^2＝49.70m^2$$

套用消耗量定额 3-025。

2. 某酒店，安装铝合金灯带，如图 9-29 所示，求其工程量。

定额工程量：

工程量$＝0.6×4.2×4m^2＝10.08m^2$

套用消耗量定额送风口 3-276，回风口 3-277。

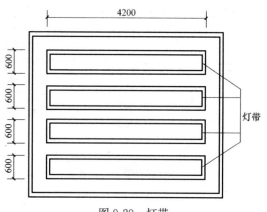

图 9-29 灯带

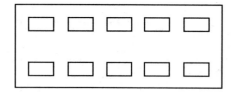

图 9-30 送、回风口平面示意图
（顶部为上部送风、下部回风）

套用消耗量定额 3-276，3-277。

9.3.4 门窗工程

1. 如图 9-31 所示，无亮地弹铝合金门（成品）共有 8 樘，求其工程量。

定额工程量：

工程量 ＝ 2.1 × 2.7 × 8m² ＝ 45.36m²

1）地弹门（成品）套定额 4-030；

2）无上亮四扇地弹门（现场制作安装）套用消耗量定额

3. 某天棚为上部均匀送风，下部均匀回风，如图 9-30 所示，设计要求做铝合金送风口和回风口各 10 个，试计算工程量。

定额工程量：

送风口 10 个、回风口 10 个。

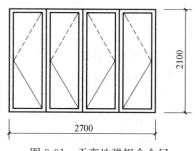

图 9-31 无亮地弹铝合金门

4-007；

3）带上亮四扇地弹门（现场制作安装）套用消耗量定额 4-008。

2. 如图 9-32 所示，求双扇有亮窗带玻璃夹板门工程量。

定额工程量：

工程量＝2.1×2.7m²
　　　＝5.67m²

门框制作套用基础定额 7-21；

门框安装套用基础定额 7-22；

门扇制作套用基础定额 7-23；

门扇安装套用基础定额 7-24。

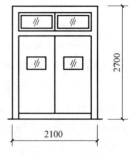

图 9-32　某门立面示意图

9.3.5　油漆、涂料、裱糊工程

1. 结合图 9-33 和图 9-34，墙裙为木墙裙、刷油漆，试求其工程量。已知窗台高 1.2m，窗洞侧油漆宽 100mm。

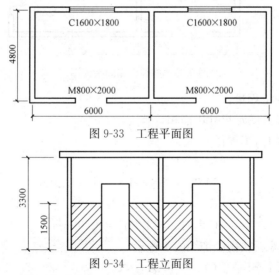

图 9-33　工程平面图

图 9-34　工程立面图

定额工程量：

墙裙油漆的工程量＝长×高－∑应扣除面积＋∑应增加面积

259

工程量＝[(6.0＋6.0－0.24×2＋4.8－0.24)×2×1.5－

　　　　0.8×1.5×2

　　　　－(1.5－1.2)×2×1.6＋(1.5－1.2)×0.1×4]×0.91m²

　　　　＝40.95m²

套用消耗量定额5-198。

应用定额时，工程量计算方法为长×宽，系数取为0.91。

2. 如图9-35所示，已知其墙面贴对花装饰纸，试计算该旅馆豪华间客房贴对花装饰纸的工程量。

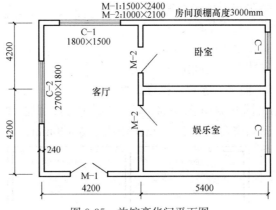

图9-35　旅馆豪华间平面图

定额工程量：

按设计图示尺寸以面积计算

1) 门窗工程量

　　　　M-1：1.5×2.4m²＝3.60m²

　　　　M-2：1.0×2.1×2m²＝4.20m²

　　　　C-1：1.8×1.5×3m²＝8.10m²

　　　　C-2：2.7×1.8m²＝4.86m²

2) 墙面裱糊装饰纸的工程量

客厅：S1＝{[(4.2－0.24)×2＋(4.2×2－0.24)×2]×

　　　　3.0－3.60－4.20－1.8×1.5－4.86}m²

　　　　＝(72.72－15.36)m²＝57.36m²

260

卧室：$S_2 = \{[(5.4-0.24)+(4.2-0.24)] \times 2 \times 3.0 - 2.1$
$\qquad - 2.7\} \mathrm{m}^2$
$\qquad = 49.92 \mathrm{m}^2$

娱乐室工程量＝卧室工程量＝49.92m²

3）墙面裱糊工程量

$\qquad (57.36 + 49.92 \times 2) \mathrm{m}^2 = 157.20 \mathrm{m}^2$

套用消耗量定额5-288。

9.3.6 其他工程

如图9-36所示，设计要求做木质装饰线。

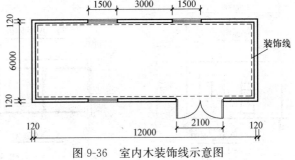

图9-36 室内木装饰线示意图

定额工程量：

外墙里皮长度＝$[(12-0.24) \times 2 + (6-0.24) \times 2] \mathrm{m}$
$\qquad = (23.52 + 11.52) \mathrm{m}$
$\qquad = 35.04 \mathrm{m}$

扣除门宽：2.1m

扣除3个窗的窗帘盒长度：1.5×3m＝4.5m

木质装饰线工程量：（35.04－2.1－4.5）m＝28.44m

套用消耗量定额6-067。

9.4 房屋建筑与装饰工程工程量清单编制实例

9.4.1 背景资料

1. 设计说明

（1）某工程施工图（平面图、立面图、剖面图）、基础平面布置图如图 9-37 所示。

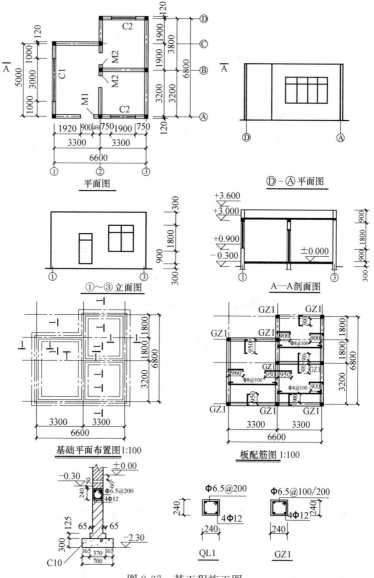

图 9-37　某工程施工图

施工图说明：

1）材料：地圈梁，构造柱 C20，其余梁，Φ 表示 HRB335，Φ^R 表示冷轧带肋钢筋（CRB550）；基础采用 MU15 承重实心砖，M10 水泥砂浆；±0.000 以上采用 MU10 承重实心砖，M7.5 混合砂浆；女儿墙采用 MU10 承重实心砖，M5.0 水泥砂浆。

2）凡未标注的现浇板钢筋均为 Φ^R8@200。

3）图中未画出的板上部钢筋均为 Φ^R6@150。

4）本图中未标注的结构板厚为 100。

5）本图应配合建筑及设备专业图纸预留孔洞，不得事后打洞。

6）过梁根据墙厚及洞口净宽选用相对应类型的过梁，荷载级别除注明外均为 2 级。凡过梁与构造柱相交处，均将过梁改为现浇。

7）顶层沿 240 墙均设置圈梁（QL*）。圈梁与其他现浇梁相遇时，圈梁钢筋伸入梁内 500。

8）构造柱应锚入地圈梁中。

（2）该工程为砖混结构，室外地坪标高为 −0.300m，屋面混凝土板厚为 100mm。

（3）门窗表详见表 9-16，均不设门窗套。

门窗表　　　　　　　　　　　表 9-16

名　　　称	代号	洞口尺寸	备　　注
成品钢制防盗门	M1	900×2100	
成品实木门	M2	800×2100	带锁、普通五金
塑钢推拉窗	C1	3000×1800	中空玻璃 5＋6＋5；型材为钢型
塑钢推拉窗	C2	1800×1800	90 系列，普通五金

（4）工程做法详见表 9-17。

工程做法一览表　　　　　　　表 9-17

序号	工程部位	工程　做　法
1	地面	面层 20mm 厚 1∶2 水泥砂浆地面压光；垫层为 100mm 厚 C10 素混凝土垫层（中砂，砾石 5～40mm）；垫层下为素土夯实

序号	工程部位	工 程 做 法
2	踢脚线 （120mm 高）	面层：6mm 厚 1∶2 水泥砂浆抹面压光 底层：20mm 厚 1∶3 水泥砂浆
3	内墙面	混合砂浆普通抹灰，基层上刷素水泥浆一遍，底层 15mm 厚 1∶6 水泥石灰砂浆，面层 5mm 厚 1∶0.5∶3 水泥砂浆照面压光，满刮普通成品腻子两遍，刷内墙立邦乳胶漆三遍（底漆一遍，面漆两遍）
4	天棚	钢筋混凝土板底面清理干净，刷水泥 801 胶浆一遍，7mm 厚 1∶1∶4 水泥石灰砂浆，面层 5mm 厚 1∶0.5∶3 水泥石灰砂浆，满刮普通成品腻子两遍，刷内墙立邦乳胶漆三遍（底漆一遍，面漆两遍）
5	外墙面保温（－0.300 标高至女儿墙压顶）	砌体墙表面做外保温（浆料），外墙面胶粉聚苯颗粒 30mm 厚
6	外墙面贴块料（－0.300 标高至女儿墙压顶）	8mm 厚 1∶2 水泥砂浆粘贴 100mm×100mm×5mm 的白色外墙砖，灰缝宽度为 6mm，用白水泥勾缝，无酸洗打蜡要求
7	屋面	在钢筋混凝土板面上做 1∶6 水泥炉渣找坡层，最薄处 60mm（坡度 2%）做 1∶2 厚度 20mm 的水泥砂浆找平层（上翻 300mm）；做 3mm 厚 APP 改性沥青卷材防水层（上卷 300mm）；做 1∶3 厚度 20mm 的水泥砂浆找平层（上翻 300mm）；做刚性防水层 40 厚 C20 细石混凝土（中砂）内配一级钢φ6.5 单层双向中距 200，建筑油膏嵌缝沿着女儿墙与刚性层相交处以及沿 B 轴线与 2 轴线贯通
8	女儿墙	女儿墙高度为 600mm，顶部设置 240×60 混凝土强度等级为 C20（中砂砾石 5～10mm）的混凝土压顶；构造柱布置同平面图；女儿墙墙体用 M5 水泥砂浆（细砂）砌筑（标砖 MU10 页岩砖 240×115×53）
9	构造柱、圈梁、过梁、强度等级（中砂，砾石 5～40mm）	GZ：C20，GZ 埋设在地圈梁中，且伸入压顶顶面，女儿墙内不再设其他构造柱 QL：C25 GL：C20 考虑为现浇 240×120，每边伸入墙内 250mm
10	墙体砌筑	（±0.000 以上＋3.00 以下）砌体用 M7.5 混合砂浆砌筑（细砂标砖 M10 页岩砖 240×115×53），不设置墙体拉结筋。
11	过梁钢筋	主筋为 2φ12，分布筋为φ8@200

序号	工程部位	工程做法
12	在−0.300处沿建筑物外墙一圈设有宽度800mm的散水	C20混凝土散水面层80mm(中砂,砾石5～40mm),20mm厚;在下面是素土夯实;沿散水与外墙交界一圈及散水长度方向每6m设变形缝进行建筑油膏嵌缝
13	基础	基础埋深为室外地坪以下2m(垫层底面标高为−2.300);垫层C10混凝土(中砂,砾石5～40mm);砖基础为M15页岩标砖,用M10水泥砂浆砌筑(细砂);在−0.06m处设置20mm厚1:2水泥砂浆(中砂)防潮层一道(防水粉5%)

2. 施工说明

土壤类别为三类土壤,土方全部用人力车运输堆放在现场50m处,人工回填,均为天然密实土壤,无桩基础,余土外运1km。混凝土考虑为现场搅拌,散水未考虑土方挖填,混凝土垫层非原槽浇捣,挖土方放坡不支挡土板,垂直运输机械考虑卷扬机,不考虑夜间施工、二次搬运、冬雨期施工、排水、降水,要考虑已完工程及设备保护。

3. 计算说明

(1) 挖土方,工作面和放坡增加的工程量并入土方工程量中。

(2) 内墙门窗侧面、顶面和窗底面均抹灰、刷乳胶漆,其乳胶漆计算宽度按100mm计算,并入内墙面刷乳胶漆项目内。外墙保温,其门窗侧面、顶面和窗底面不做。外墙贴块料,其门窗侧面、顶面和窗底面要计算,计算宽度均按150mm计算,归入零星项目。门洞侧壁不计算踢脚线。

(3) 计算工程数量以"m"、"m²"、"m³"为单位,步骤计算结果保留三位小数,最终计算结果保留两位小数。

9.4.2 清单工程量计算

根据以上背景资料以及国家标准《建设工程工程量清单计价规范》GB 50500—2013、《房屋建筑与装饰工程工程量计算规范》GB 50854—2013及其他相关文件的规定等,编制一份该房屋建筑与装饰工程分部分项工程和措施项目清单,详见表9-18。

清单工程量计算表

工程名称：某工程（房层建筑与装饰工程）

表 9-18

序号	清单项目编号	清单项目名称	计算式	工程量合计	计算单位
1	010101001001	建筑面积	$S=(6.84+0.03×2)×(7.04+0.03×2)×(7.1—3.3×1.8=6.9×7.1—3.3×1.8=43.05$	43.05	m^2
		平整场地	$S=$首层建筑面积$=43.05$	43.05	m^2
2	010101003001	挖基础沟槽土方	$L_{外中}=(6.6+6.8)×2=26.8$ $L_{内净}=[5-(0.7+0.3×2)]+[3.3-(0.7+0.3×2)]=5.7$ $V=(0.7+0.3×2+0.33×2)×(26.8+5.7)=127.40$	127.40	m^3
3	010103001001	回填土方	1. 基础回填 $V_1=127.40-7.08-14.95-1.99-0.24+34.62×0.24×0.30=105.63$ 2. 室内回填 $V_2=(3.06×4.76+3.36×3.06+3.06×2.96)×(0.30-0.02-0.10)=6.10$ $V=105.63+6.10=111.73$	111.73	m^3
4	010103002001	余方弃置	$V=127.40-111.73=15.67$	15.67	m^3
5	010501001001	砖基垫层	$L_{外中}=26.8$ $L_{内净}=(5-0.7+3.3-0.7)=6.9$ $V=0.7×0.30×33.7=7.08$	7.08	m^3
6	010503004001	地圈梁	$L_{外中}=26.8$ $L_{内净}=(5-0.24+3.3-0.24)=7.82$ $V=0.24×0.24×34.62=1.99$	1.99	m^3

序号	清单项目编号	清单项目名称	计算式	工程量合计	计算单位
7	010401001001	砖基础	$L_{外中}=26.8$ $L_{内净}=(5-0.24+3.3-0.24)=7.82$ $V=(0.125×0.13+2.00×0.24)×(26.8+7.82)-1.99-0.24$（构造柱）$=14.95$	14.95	m³
8	010401003001	主体砖墙	$V=(26.8+7.82)×0.24×3.0-1.07-0.12-2.04-17.13×0.24=17.59$	17.59	m³
9	010401003002	砌女儿砖墙	$V=26.8×0.6×0.24-0.35-0.35=3.16$	3.16	m³
10	010502002001	构造柱	1. ±0.000以下 $V_1=(0.24×0.35)×9+0.24×0.03×0.35×22=0.24$ 2. ±0.000以上 $V_2=(0.24×0.24×3)×9+0.24×0.03×3×22=2.03$ 3. 女儿墙 $V_3=(0.24×0.24×0.6)×8+0.24×0.03×0.6×16=0.35$ $V=V_1+V_2+V_3=0.24+2.03+0.35=2.62$	2.62	m³
11	010503004002	圈梁	$V=0.24×(0.24-0.10)×34.62-0.24×0.24×0.14×9-0.24$ $×0.03×0.14×22=1.07$	1.07	m³
12	010503005001	过梁	$V=0.24×0.12×[(0.8+0.25×2)×2+(0.9+0.25×2)]×0.24$ $×0.12×(2.6+1.4)=0.12$	0.12	m³
13	010505003001	现浇混凝土板	$V=(6.84×7.04-1.8×3.3)×0.10=4.22$	4.22	m³

续表

序号	清单项目编号	清单项目名称	计算式	工程量合计	计算单位
14	010507004001	现浇混凝土压顶	$V=0.24\times0.06\times(26.8-0.30\times8)=0.35$	0.35	m³
15	010507001001	散水	$S=(6.84+7.04)\times2\times0.8+4\times0.8\times0.8=24.77$	24.77	m³
16	010801001001	成品实木门	$S=0.8\times2.1\times2=3.36$	3.36	m²
17	010802004001	成品钢制防盗门	$S=0.9\times2.1\times1=1.89$	1.89	m²
18	010807001001	塑钢推拉窗	$S=3.0\times1.8+1.8\times1.8\times2=11.88$	11.88	m²
19	010902001001	屋面APP卷材防水	$S=(6.36\times4.76+3.06\times1.8)+(6.36+6.56)\times2\times0.30=35.78+7.75=43.53$ m²	43.53	m²
20	010902003001	屋面刚性层	$S=6.36\times4.76+3.06\times1.8=35.78$	35.78	m²
21	011001001001	屋面保温层	$S=6.36\times4.76+3.06\times1.8=35.78$ 屋面保温层平均厚度$=0.06+6.4/4\times2\%=0.06+0.03=0.09$m	35.78	m²
22	011101006001	屋面砂浆找平层	$S=$卷材防水工程量$=43.53$	43.53	m²
23	011001003001	外墙外保温	$S=(6.84+7.04)\times2\times3.90-0.9\times2.1-3\times1.8-1.8\times1.8\times2=94.49$	94.49	m²
24	010515001001	现浇构件钢筋Φ10以内	$G=0.41$（计算式从略）	0.41	t
25	010515001002	现浇构件钢筋Φ10以外	$G=0.16$（计算式从略）	0.16	t

续表

序号	清单项目编号	清单项目名称	计算式	工程量合计	计算单位
26	010515001002	现浇构件钢筋螺纹钢	G=0.42(计算式从略)	0.42	t
27	011101001001	水泥砂浆楼地面	S=3.06×4.76+3.36×3.06+3.06×2.96=33.90	33.90	m²
28	010501001001	地面垫层	V=33.90×0.10=3.39	3.39	m³
29	011105001001	水泥砂浆踢脚线	S=(15.64+12.84+12.04)×0.12−(0.8×4+0.9×1)×0.12=4.37	4.37	m²
30	011201001001	墙面抹灰	S=(15.64+12.84+12.04)×2.9−(0.9×2.1+0.8×2.1×4+3.0×1.8+1.8×2)×2)=117.51−20.49=97.02	97.02	m²
31	011201001002	女儿墙内侧抹灰	S=(6.36+6.56)×2×(0.6+0.24)=21.71	21.71	m²
32	011301001001	天棚抹灰	S=3.06×4.76+3.36×3.06+3.06×2.96=33.90	33.90	m²
33	011204003001	块料墙面	S=[(6.84+0.043×2)+(7.04+0.043×2)]×2×3.9−(0.874×2.087+2.974+2.974×1.774+1.774×1.774×2)=96.21 注:外保温+块料=0.03+0.008+0.005=0.043(厚度)	96.21	m²
34	011206002001	块料零星项目	S=(2.087×2+0.874×2+2.974×2+1.774×2+1.774×4×2)×0.15=4.31	4.31	m²
35	011406001001	抹灰墙面乳胶漆	S=97.02+(0.8×4+2.1×2×2+1.8×4×2+3×2+1.8×2+0.9+2.1×2)×0.10=101.93	101.93	m²

269

序号	清单项目编号	清单项目名称	计算式	工程量合计	计算单位
36	011406001002	天棚抹灰面乳胶漆	S＝天棚抹灰工程量=33.90	33.90	m²
37	011701001001	综合脚手架	S＝建筑面积=43.05	43.05	m²
38	011703001001	垂直运输	S＝建筑面积=43.05	43.05	m²

注：1. 根据国家建筑面积计算规范，保温厚度应计算建筑面积。

2. 挖沟槽土方。将工作面和放坡增加的工程量并入大方工程量中，工作面、放坡根据《房屋建筑与装饰工程工程量计算规范》GB 50854 附录垫层项目。

3. 现浇混凝土基础垫层根据表规定计算。

4. 根据《房屋建筑与装饰工程工程量计算规范》GB 50854 附录垫层项目。

5. 门窗以平方米计量。

6. 按《房屋建筑与装饰工程工程量计算规范》GB 50854 的规定，圈梁与板连接算至板底。

7. 根据《房屋建筑与装饰工程工程量计算规范》GB 50854 规定，屋面防水翻边并入清单工程量。

目编码列项。

8. 外保温不考虑门窗洞口侧壁做保温。

9. 门窗侧壁不考虑踢脚线。

10. 地面抹灰工程垫层，按《房屋建筑与装饰工程工程量计算规范》GB 50854 附录垫层项目编码列项。

11. 墙面抹灰工程根据《房屋建筑与装饰工程工程量计算规范》GB 50854 规定，不扣踢脚线，门窗侧壁亦不增加。

12. 块料墙面根据《房屋建筑与装饰工程工程量计算规范》GB 50854 规定：按镶贴表面积计算。

13. 块料零星项目主要指门窗侧壁。

14. 现浇混凝土与钢筋混凝土模板及支撑（架）不单列，混凝土及钢筋混凝土实体项目综合单价包含模板及支架。

9.5　工期定额计算实例

9.5.1　单项工程层数超定额规定时工期的计算

某住宅工程为全现浇结构，±0.000 以上 22 层，建筑面积 27500m²；±0.000 以下 2 层，建筑面积 2500m²（该工程地处Ⅱ类地区、土壤类别为Ⅲ类土），工期计算如下：

（1）查定额编号：

1-15	2 层地下室	3000m² 以内	170 天
1-145	20 层	30000m² 以内	505 天
1-140	18 层	30000m² 以内	475 天

（2）计算相邻层数差的工期差值：505－475＝30 天

（3）该工程总工期为：170＋505＋30＝705 天

9.5.2　单项工程建筑面积超定额规定时工期的计算

某住宅工程为内浇外砌结构，±0.000 以上 6 层，建筑面积 9600m²；±0.000 以下 1 层，建筑面积 1600m²（该工程地处Ⅱ类地区、土壤类别为Ⅲ类土），工期计算如下：

（1）查定额编号：

1—12	1 层地下室	1000m² 以外	115 天
1—65	6 层	7000m² 以外	195 天

（2）该工程总工期为：115＋195＝310 天。

9.5.3　一个承包方同时承包几个单项工程时工期的计算

1. 某建筑公司同时承包 3 栋住宅工程，其中 1 栋为全现浇结构，±0.000 以上 18 层，建筑面积 12000m²，±0.000 以下 1 层，建筑面积 660m²。另两栋均为砌体结构 6 层，无地下室，带形基础，每栋建筑面积均为 4200m²，其中首层建筑面积为 700m²（该工程地处Ⅱ类地区、土壤类别为Ⅲ类土）。工期计算如下：

（1）查定额编号：

全现浇结构　1-11　1 层地下室　1000m² 以内　95 天

　　　　　　　　1-137　18层　　　　　15000m² 以内　405 天

砌体结构　1-2　　带形基础　1000m² 以内　50 天

　　　　　　1-48　6 层　　　　　5000m² 以内　190 天

（2）全现浇结构住宅工程总工期：95＋405＝500 天。

　　一栋砌体结构住宅工程总工期：50＋190＝240 天。

（3）该工程总工期：500＋（240＋240）×0.2＝596 天。

2. 某建筑公司同时承包 4 栋住宅工程和 1 栋商店，其中住宅为：两栋全现浇结构±0.000 以上 18 层，建筑面积 12000m²，±0.000 以下 1 层，建筑面积 660m²；另两栋均为砌体结构 6 层，无地下室，带形基础，每栋建筑面积均为 4200m²，其中首层建筑面积为 700m²。商店为：框架结构±0.000 以下 1 层，建筑面积 1200m²，±0.000 以上 6 层，建筑面积 7200m²（该工程地处Ⅱ类地区、土壤类别为Ⅲ类土）。工期计算如下：

（1）查定额编号：

全现浇结构住宅　1-11　1 层地下室　1000m² 以内　95 天

　　　　　　　　1-137　18 层　　　　15000m² 以内　405 天

砌体结构住宅　1-2　带形基础　1000m² 以内　50 天

　　　　　　　1-48　6 层　　　　5000m² 以内　190 天

现浇框架商店　1-12　1 层地下室　1000m² 以外　115 天

　　　　　　　1-726　6 层　　　　　7000m² 以外　305 天

（2）一栋全现浇结构住宅工程总工期：95＋405＝500 天。

　　一栋砌体结构住宅工程总工期：50＋190＝240 天。

　　现浇框架结构商店工程总工期：115＋305＝420 天。

（3）该工程总工期：500＋（500＋420＋240）×0.15＝674 天。

9.5.4　单项工程地上结构相同，使用功能不同时工期的计算

　　某单项工程±0.000 以上为现浇框架结构共 14 层，建筑面积 13500m²。其中：1～4 层为商店，建筑面积 3857m²；5 层以上为住宅，建筑面积 9643m²（该工程地处Ⅱ类地区、土壤类别为Ⅲ类土）。工期计算如下：

（1）查定额编号：

住宅工程　1-167　14 层　15000m² 以内　460 天

（2）该工程±0.000 以上工期：460 天。

9.5.5 单项工程地上结构相同，因变形缝划分为使用功能不同的两部分后工期的计算

某单位工程±0.000 以上为砌体结构 6 层，由变形缝划分为两部分：一部分砌体结构住宅工程，建筑面积 4980m²；另一部分砌体结构办公楼，建筑面积 3500m²（该工程地处 Ⅱ 类地区）。工期计算如下：

（1）查定额编号：

住宅工程　　1-48　　6 层　　5000m² 以内　　190 天

办公楼工程　1-968　6 层　　5000m² 以内　　205 天

（2）该工程±0.000 以上工期：205＋190×25％＝253 天。

9.5.6 单项工程地上由两种以上结构组成工期的计算

某单项工程±0.000 以上：1、2 层为现浇框架结构商场工程，建筑面积 2000m²；3～6 层为砌体结构住宅工程，建筑面积 4000m²（该工程地处 Ⅱ 类地区）。工期计算如下：

（1）查定额编号：

砌体结构住宅　　　1-49　　6 层　7000m² 以内　205 天

现浇框架结构商场　1-725　6 层　7000m² 以内　285 天

（2）该工程±0.000 以上工期：（205×4000＋285×2000）/6000＝232 天。

9.5.7 单项工程地上由两种以上结构组成，以变形缝为界划分为不同使用功能的两个部分工期的计算

某单项工程，±0.000 以上以变形缝为界划分为两个部分：一部分为 6 层现浇框架结构商场，建筑面积 6000m²；另一部分为 6 层砌体结构办公楼，建筑面积 5800m²（该工程地处 Ⅱ 类地区）。工期计算如下：

（1）查定额编号：

现浇框架结构商场　1-725　6 层　7000m² 以内　285 天

砌体结构办公楼　　　　1-969　　6 层　　7000m² 以内　　220 天

（2）该工程±0.000 以上工期：285＋220×25％＝340 天。

9.5.8　单项工程地上层数不同有变形缝时工期的计算

某单位工程±0.000 以上为全现浇结构住宅工程，建筑面积 15000m²，以变形缝为界划分为两个部分：一部分为 16 层，建筑面积 10000m²，另一部分为 8 层，建筑面积 5000m²（该工程地处Ⅱ类地区）。工期计算如下：

（1）查定额编号：

全现浇结构住宅　　　　1-132　　16 层　　10000m² 以内　　355 天

全现浇结构住宅　　　　1-132　　8 层　　5000m² 以内　　215 天

（2）该工程±0.000 以上工期：355＋215×25％＝409 天。

9.5.9　单项工程地上层数不同无变形缝时工期的计算

某单项工程，±0.000 以上为现浇框架结构写字楼工程，建筑面积 22000m²，其中：一部分为 14 层，建筑面积 19600m²；另一部分为 16 层，两层增加建筑面积为 2400m²，无变形缝分隔（该工程地处Ⅱ类地区）。工期计算如下：

（1）查定额编号：

现浇框架结构综合楼　　1-174　　16 层　　25000m² 以内　　545 天

（2）该工程±0.000 以上工期：545 天。

9.5.10　单项工程地下为整体，地上分成若干个独立部分时工期的计算

某综合楼，±0.000 以下为 2 层地下室，建筑面积 10000m²；±0.000 以上分三个独立部分：分别为 12 层全现浇结构住宅工程，建筑面积 9500m²；18 层现浇框架结构写字楼，建筑面积 13000m²；6 层现浇框架结构商场，建筑面积 4800m²（该工程地处Ⅱ类地区、土壤类别为Ⅲ类土）。工期计算如下：

（1）查定额编号：

地下室　　　　1-16　　2 层　　3000m² 以外　　195 天

全现浇结构住宅　　　　1-122　　12 层　　10000m² 以内　　295 天

现浇框架结构写字楼 1-752　　18 层　　15000m² 以内　　585 天

现浇框架结构商场　1-724　6 层　　5000m² 以内　　270 天

（2）该工程总工期：195＋585＋（295＋270）×25％＝922 天。

9.5.11　单项工程地上为整体，整体之上又分成若干个独立部分时工期的计算

1. 某综合楼，±0.000 以下为 3 层地下室，建筑面积 15000m²。±0.000 以上 1、2 层为整体部分现浇框架结构商场，建筑面积 10000m²，3 层以上分成两个独立部分：分别为 14 层全现浇结构住宅，建筑面积 9200m²；18 层现浇框架结构写字楼，建筑面积 12500m²（该工程地处Ⅱ类地区、土壤类别为Ⅲ类土）。工期计算如下：

（1）查定额编号：

地下室　　　　　　1-21　　3 层　　15000m² 以内　320 天

全现浇结构住宅　　1-132　16 层　10000m² 以内　355 天

框架结构写字楼　　1-757　20 层　15000m² 以内　630 天

（2）20 层现浇框架结构写字楼工期 630 天，大于 16 层全现浇结构住宅工期 355 天，将±0.000 以上 1、2 层整体部分，建筑面积 10000m²，并入到 20 层现浇框架结构写字楼，建筑面积 12500m²，共计 22500m²。

（3）查定额编号：

现浇框架结构写字楼　1-759　20 层　25000m² 以内　685 天

（4）该工程总工期：320＋685＋355×25％＝1094 天。

2. 某综合楼，±0.000 以下为 3 层地下室，建筑面积 15000m²。±0.000 以上 1、2 层为现浇框架结构商场，建筑面积 10000m²，3 层以上分成两个独立部分：分别为 14 层全现浇结构写字楼，建筑面积 9200m²；18 层全现浇结构宾馆，建筑面积 12500m²（该工程地处Ⅱ类地区、土壤类别为Ⅲ类土）。工期计算如下：

（1）查定额编号：

地下室　　　　　　1-21　　3 层　　15000m² 以内　320 天

现浇框架结构商场　1-759　20 层　25000m² 以内　685 天

全现浇结构宾馆　　　1-382　20 层　25000m² 以内　600 天

全现浇结构写字楼　1-695　16 层　10000m² 以内　395 天

（2）现浇框架结构商场和全现浇结构宾馆工期：

（685×10000＋600×12500)/22500＝638 天。

（3）该工程总工期：320＋638＋395×25％＝1057 天。

10 建设工程图例与符号

10.1 建筑工程识图一般图例与符号

1. 图纸幅面

(1) 图纸幅面及图框尺寸应符合表 10-1 的规定格式。

幅面及图框尺寸（mm）   表 10-1

尺寸代号 \ 幅面代号	A0	A1	A2	A3	A4
$b×l$	841×1189	594×841	420×594	297×420	210×297
c		10		5	
a		25			

注：表中 b 为幅面短边尺寸，l 为幅面长边尺寸，c 为图框线与幅面线间宽度，a 为图框线与装订边间宽度。

(2) 需要微缩复制的图纸，其一个边上应附有一段准确米制尺度，四个边上均附有对中标志，米制尺度的总长应为 100mm，分格应为 10mm。对中标志应画在图纸内框各边长的中点处，线宽 0.35mm，并应伸入内框边，在框外为 5mm。对中标志的线段，于 l_1 和 b_1 的范围取中。

(3) 图纸的短边尺寸不应加长，A0～A3 幅面长边尺寸可加长，但应符合表 10-2 的规定。

图纸长边加长尺寸（mm）   表 10-2

幅面代号	长边尺寸	长边加长后的尺寸
A0	1189	1486(A0+l/4)　1635(A0+3l/8)　1783(A0+l/2)　1932(A0+5l/8) 2080(A0+3l/4)　2230(A0+7l/8)　2378(A0+l)

幅面代号	长边尺寸	长边加长后的尺寸
A1	841	1051(A1+l/4)　1261(A1+l/2)　1471(A1+3l/4)　1682(A1+l)　1892(A1+5l/4)　2102(A1+3l/2)
A2	594	743(A2+l/4)　891(A2+l/2)　1041(A2+3l/4)　1189(A2+l)　1338(A2+5l/4)　1486(A2+3l/2)　1635(A2+7l/4)　1783(A2+2l)　1932(A2+9l/4)　2080(A2+5l/2)
A3	420	630(A3+l/2)　841(A3+l)　1051(A3+3l/2)　1261(A3+2l)　1471(A3+5l/2)　1682(A3+3l)　1892(A3+7l/2)

注：有特殊需要的图纸，可采用 $b \times l$ 为 841mm×891mm 与 1189mm×1261mm 的幅面。

（4）图纸以短边作为垂直边应为横式，以短边作为水平边应为立式。A0～A3 图纸宜横式使用；必要时，也可立式使用。

（5）一个工程设计中，每个专业所使用的图纸，不宜多于两种幅面，不含目录及表格所采用的 A4 幅面。

2. 标题栏

（1）图纸中应有标题栏、图框线、幅面线、装订边线和对中标志。图纸的标题栏及装订边的位置，应符合下列规定：

1）横式使用的图纸，应按图 10-1、图 10-2 的形式进行布置；

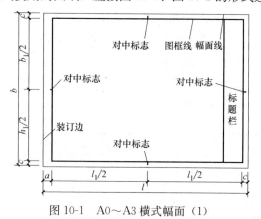

图 10-1　A0～A3 横式幅面（1）

278

2）立式使用的图纸，应按图 10-3、图 10-4 的形式进行布置。

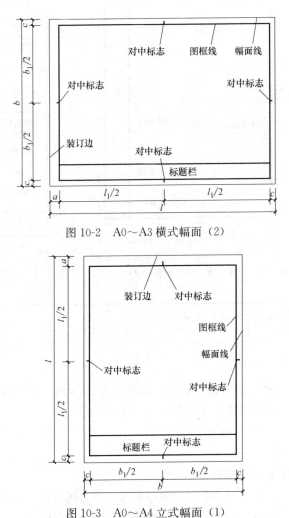

图 10-2　A0～A3 横式幅面（2）

图 10-3　A0～A4 立式幅面（1）

（2）标题栏应符合图 10-5、图 10-6 的规定，根据工程的需要选择确定其尺寸、格式及分区。签字栏应包括实名列和签名列，并应符合下列规定：

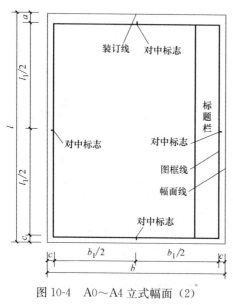

图 10-4 A0～A4 立式幅面（2）

图 10-5 标题栏（1）

30～50	设计单位名称区	注册师签章区	项目经理签章区	修改记录区	工程名称区	图号区	签字区	会签栏

图 10-6 标题栏（2）

1）涉外工程的标题栏内，各项主要内容的中文下方应附有译文，设计单位的上方或左方，应加"中华人民共和国"字样；

2）在计算机制图文件中当使用电子签名与认证时，应符合国家有关电子签名法的规定。

3. 图纸编排顺序

（1）工程图纸应按专业顺序编排，应为图纸目录、总图、建筑图、结构图、给水排水图、暖通空调图、电气图等。

（2）各专业的图纸，应按图纸内容的主次关系、逻辑关系进行分类排序。

4. 比例

（1）图样的比例，应为图形与实物相对应的线性尺寸之比。

（2）比例的符号应为"："，比例应以阿拉伯数字表示。

（3）比例宜注写在图名的右侧，字的基准线应取平；比例的字高宜比图名的字高小一号或二号。

（4）绘图所用的比例应根据图样的用途与被绘对象的复杂程度，从表 10-3 中选用，并应优先采用表中常用比例。

绘图所用的比例　　　　　　　　　　　表 10-3

常用比例	1：1，1：2，1：5，1：10，1：20，1：30，1：50，1：100， 1：150，1：200，1：500，1：1000，1：2000
可用比例	1：3，1：4，1：6，1：15，1：25，1：40，1：60，1：80，1：250， 1：300，1：400，1：600，1：5000，1：10000，1：20000、 1：50000、1：100000、1：200000

（5）一般情况下，一个图样应选用一种比例。根据专业制图需要，同一图样可选用两种比例。

（6）特殊情况下也可自选比例，这时除应注出绘图比例外，还应在适当位置绘制出相应的比例尺。

10.2　常用工程图纸编号

1. 常用专业代码（表 10-4）

常用专业代码列表　　　　　　　　　表 10-4

专业	专业代码名称	英文专业代码名称	备　注
总图	总	G	含总图、景观、测量/地图、土建
建筑	建	A	含建筑、室内设计
结构	结	S	含结构
给水排水	水	P	含给水、排水、管道、消防
暖通管道	暖	M	含供暖、通风、空调、机械
电气	电	E	含电气(强电)、通信(弱电)、消防

2. 常用阶段代码（表10-5）

常用阶段代码列表　　　　　　　　　　　　　　**表 10-5**

设计阶段	阶段代码名称	英文阶段代码名称	备　　注
可行性研究	可	S	含预可行性研究阶段
方案设计	方	C	
初步设计	初	P	含扩大初步设计阶段
施工图设计	施	W	

3. 常用类型代码（表10-6）

常用类型代码列表　　　　　　　　　　　　　　**表 10-6**

工程图纸文件类型	类型代码名称	英文名称代码类型
图纸目录	目录	CL
设计总说明	说明	NT
楼层平面图	平面	FP
场区平面图	场区	SP
拆除平面图	拆除	DP
设备平面图	设备	QP
现有平面图	现有	XP
立面图	立面	EL
剖面图	剖面	SC
大样图（大比例示图）	大样	LS
详图	详图	DT
三维视图	三维	3D
清单	清单	SH
简图	简图	DG

4. 常用状态代码（表10-7）

常用状态代码列表　　　　　　　　　　　　　　**表 10-7**

工程性质或阶段	状态代码名称	英文状态代码名称	备注
新建	新建	N	
保留	保留	E	

工程性质或阶段	状态代码名称	英文状态代码名称	备注
拆除	拆除	D	
拟建	拟建	T	
临时	临时	T	
搬迁	搬迁	M	
改建	改建	R	
合同外	合同外	X	
阶段编号		1~9	
可行性研究	可研	S	阶段名称
方案设计	方案	C	阶段名称
初步设计	初设	P	阶段名称
施工图设计	施工图	W	阶段名称

10.3 总平面图例

1. 总平面图例（表10-8）

总平面图例规定　　　　　　　　　　　表10-8

序号	名　　称	图　　例	备　　注
1	新建建筑物	 $X=$ $Y=$ ① 12F/2D $H=59.00\mathrm{m}$	新建建筑物以粗实线表示与室外地坪相接处±0.000外墙定位轮廓线 建筑物一般以±0.000高度处的外墙定位轴线交叉点坐标定位。轴线用细实线表示,并标明轴线号 根据不同设计阶段标注建筑编号,地上、地下层数,建筑高度,建筑出入口位置(两种表示方法均可,但同一图纸采用一种表示方法)

序号	名　称	图　例	备　注
1	新建建筑物	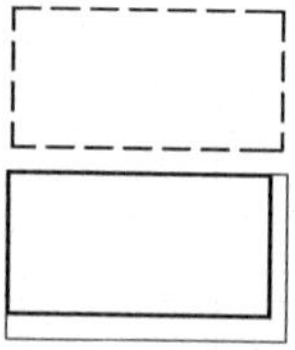	地下建筑物以粗虚线表示其轮廓 建筑物上部(±0.000以上)外挑建筑物用细实线表示 建筑物上部连廊用细虚线表示并标注
2	原有建筑物		用细实线表示
3	计划扩建的预留地或建筑物		用中粗虚线表示
4	拆除的建筑物	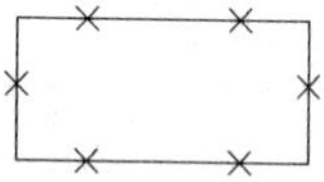	用细实线表示
5	建筑物下面的通道	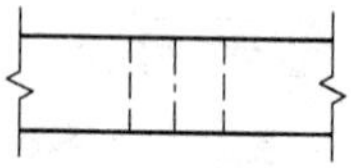	—
6	散状材料露天堆场	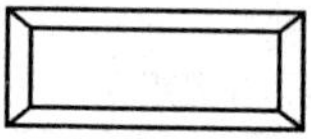	需要时可注明材料名称
7	其他材料露天堆场或露天作业场	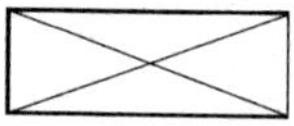	需要时可注明材料名称
8	铺砌场地	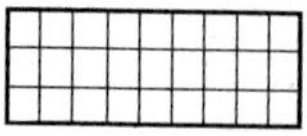	—
9	敞棚或敞廊	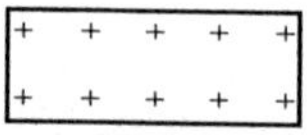	—
10	高架式料仓	 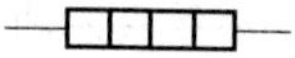	—
11	漏斗式贮仓	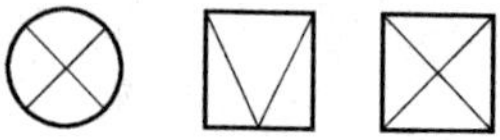	左、右图为底卸式 中图为侧卸式

284

序号	名　称	图　例	备　注
12	冷却塔（池）		应注明冷却塔或冷却池
13	水塔、贮罐		左图为卧式贮罐 右图为水塔或立式贮罐
14	水池、坑槽		也可不涂黑
15	明溜 矿槽（井）		—
16	斜井或平硐		
17	烟囱		实线为烟囱下部直径，虚线为基础，必要时可注写烟囱高度和上、下口直径
18	围墙及大门		—
19	挡土墙	5.00 1.50	挡土墙根据不同设计阶段的需要标注 墙顶标高 墙底标高
20	挡土墙 上设围墙		—
21	台阶及无 障碍坡道	1. 2.	1. 表示台阶（级数仅为示意） 2. 表示无障碍坡道
22	露天桥式 起重机	+ + + + + + + + + + + + $G_n=(t)$	起重机起重量 G_n，以吨计算 "+"为柱子位置
23	露天电动葫芦	+ + + + + + $G_n=(t)$	起重机起重量 G_n，以吨计算 "+"为支架位置

序号	名称	图例	备注
24	门式起重机	$G_n=(t)$ $G_n=(t)$	起重机起重量为 G_n，以吨为计算 上图表示有外伸臂 下图表示无外伸臂
25	架空索道		"I"为支架位置
26	斜坡卷扬机道		—
27	斜坡栈桥（皮带廊等）		细实线表示支架中心线位置
28	坐标	1. $X=105.00$ $Y=425.00$ 2. $A=105.00$ $B=425.00$	1. 表示地形测量坐标系 2. 表示自设坐标系 坐标数字平行于建筑标注
29	方格网交叉点标高	-0.50 | $\frac{77.85}{78.35}$	"78.35"为原地面标高 "77.85"为设计标高 "−0.50"为施工高度 "−"表示挖方（"+"表示填方）
30	填方区、挖方区、未整平区及零线	$+$ / $-$ $+$ / $-$	"+"表示填方 "−"表示挖方 中间为未整平区 点画线为零点线
31	填挖边坡		—
32	分水脊线与谷线		上图表示脊线 下图表示谷线

286

序号	名　称	图　　例	备　　注
33	洪水淹没线	— — — — — — —	洪水最高水位以文字标注
34	地表排水方向		—
35	截水沟	40.00	"1"表示1%的沟底纵坡度，"40.00"表示变坡点间距离，箭头表示流水方向
36	排水明沟	107.50 + $\frac{1}{40.00}$ 107.50 $\frac{1}{40.00}$	上图用于比例较大的图面 下图用于比例较小的图面 "1"表示1%的沟底纵坡度，"40.00"表示变坡点间距离，箭头表示流水方向 "107.50"表示沟底变坡点标高(变坡点以"+"表示)
37	有盖板的排水沟	$\frac{1}{40.00}$ $\frac{1}{40.00}$	—
38	雨水口	1. 2. 3.	1. 雨水口 2. 原有雨水口 3. 双落式雨水口
39	消火栓井		—
40	急流槽		箭头表示水流方向
41	跌水		
42	拦水(闸)坝		—

287

序号	名　称	图　例	备　注
43	透水路堤		边坡较长时,可在一端或两端局部表示
44	过水路面		—
45	室内地坪标高	$\dfrac{151.00}{\pm 0.000}$	数字平行于建筑物书写
46	室外地坪标高	143.00	室外标高也可采用等高线
47	盲道		—
48	地下车库入口		机动车停车场
49	地面露天停车场		—
50	露天机械停车场		露天机械停车场

2. 构造及配件图（表10-9）

构造及配件图规定　　　　　　表 10-9

序号	名　称	图　例	备　注
1	墙体		1. 上图为外墙,下图为内墙 2. 外墙细线表示有保温层或有幕墙 3. 应加注文字或涂色或图案填充表示各种材料的墙体 4. 在各层平面图中防火墙宜着重以特殊图案填充表示
2	隔断		1. 加注文字或涂色或图案填充表示各种材料的轻质隔断 2. 适用于到顶与不到顶隔断

序号	名　称	图　　例	备　注
3	玻璃幕墙		幕墙龙骨是否表示由项目设计决定
4	栏杆		—
5	楼梯		1. 上图为顶层楼梯平面图,中图为中间层楼梯平面图,下图为底层楼梯平面图 2. 需设置靠墙扶手或中间扶手时,应在图中表示
6	坡道		长坡道 上图为两侧垂直的门口坡道,中图为有挡墙的门口坡道,下图为两侧找坡的门口坡道
7	台阶		—
8	平面高差		用于高差小的地面或楼面交接处,并应与门的开启方向协调
9	检查口		左图为可见检查口,右图为不可见检查口
10	孔洞		阴影部分亦可填充灰度或涂色代替

序号	名　　称	图　　例	备　　注
11	坑槽	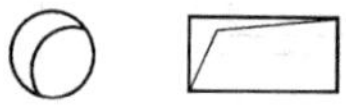	—
12	墙预留洞、槽	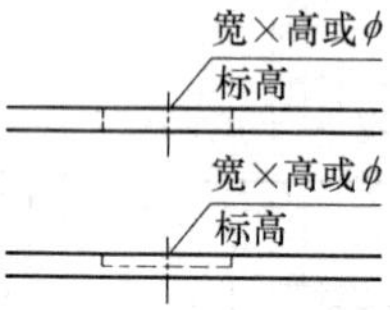 宽×高或φ 标高 宽×高或φ 标高	1. 上图为预留洞,下图为预留槽 2. 平面以洞(槽)中心定位 3. 标高以洞(槽)底或中心定位 4. 宜以涂色区别墙体和预留洞口
13	地沟	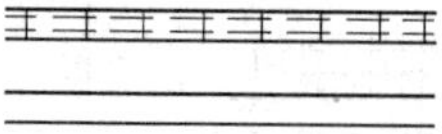	上图为有盖板地沟,下图为无盖板地沟
14	烟道	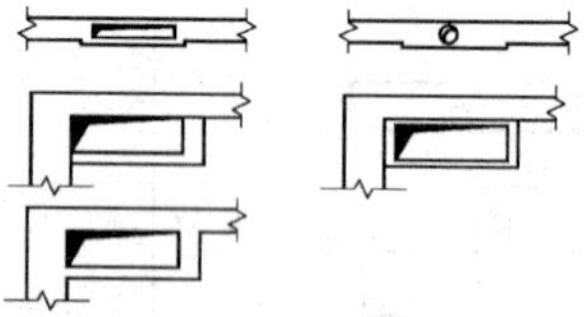	1. 阴影部分亦可填充灰色或涂色代替 2. 烟道、风道与墙体为相同材料,其相接处墙身线应连通 3. 烟道、风道根据需要增加不同材料的内衬
15	风道	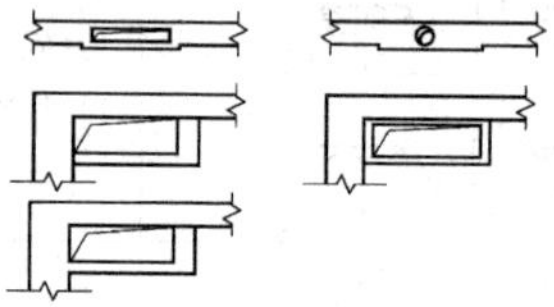	
16	新建的墙和窗	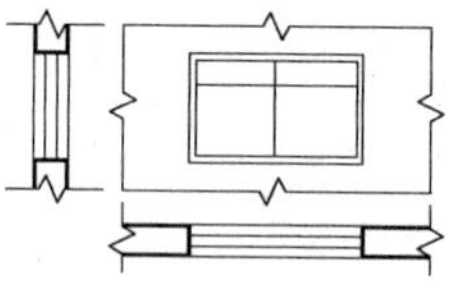	—
17	改建时保留的墙和窗	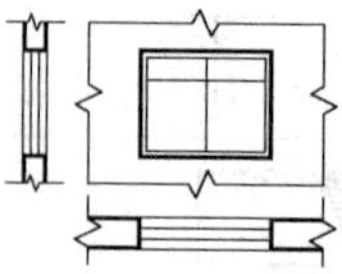	只更换窗,应加粗窗的轮廓线

序号	名 称	图 例	备 注
18	拆除的墙	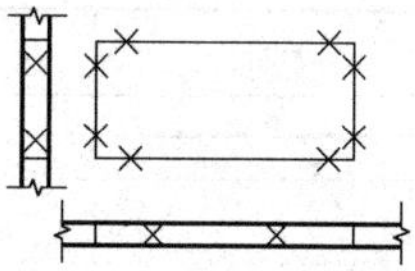	—
19	改建时在原有墙或楼板新开的洞	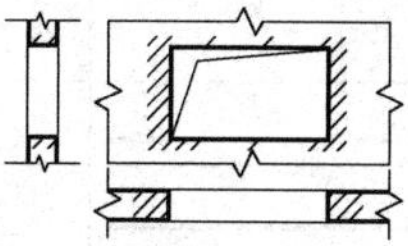	—
20	在原有墙或楼板洞旁扩大的洞	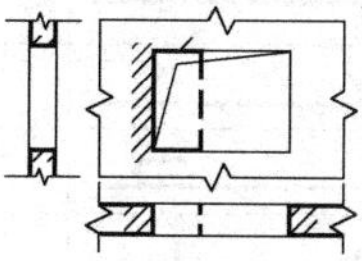	图示为洞口向左边扩大
21	在原有墙或楼板上全部填塞的洞	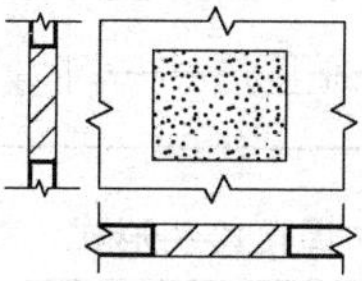	全部填塞的洞 图中立面填充灰度或涂色
22	在原有墙或楼板上局部填塞的洞	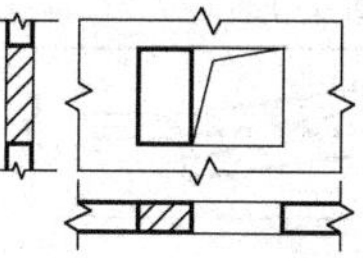	左侧为局部填塞的洞 图中立面填充灰度或涂色
23	空门洞	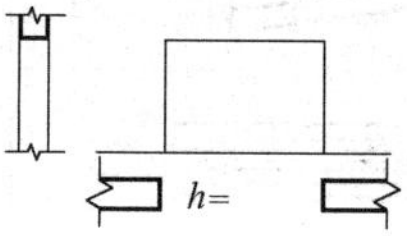 $h=$	h 为门洞高度

10.4 混凝土结构图例

1. 钢筋的一般表示方法

普通钢筋的一般表示方法应符合表 10-10 的规定。钢筋的焊接接头的表示方法应符合表 10-11 的规定。

普通钢筋图例　　　　　　　　　　　　　　　**表 10-10**

序号	名　　称	图　　例	说　　明
1	钢筋横断面	·	—
2	无弯钩的钢筋端部	——	—
3	带半圆形弯钩的钢筋端部	/	表示长、短钢筋投影重叠时，短钢筋的端部用45°斜划线表示
4	带直钩的钢筋端部	L	—
5	带丝扣的钢筋端部	L	—
6	无弯钩的钢筋搭接	///	—
7	带半圆弯钩的钢筋搭接	/ ⌐	—
8	带直钩的钢筋搭接	⌐_⌐	—
9	花篮螺丝钢筋接头	⌐_⌐	—
10	机械连接的钢筋接头	—▭—	用文字说明机械连接的方式（如冷挤压或直螺纹等）

钢筋的焊接接头形式　　　　　　　　**表 10-11**

序号	名　　称	接头形式	标注方法
1	单面焊接的钢筋接头		
2	双面焊接的钢筋接头		
3	用帮条单面焊接的钢筋接头		
4	用帮条双面焊接的钢筋接头		
5	接触对焊的钢筋接头（闪光焊、压力焊）		
6	坡口平焊的钢筋接头	60°	60°

序号	名　　称	接头形式	标注方法
7	坡口立焊的钢筋接头		
8	用角钢或扁钢做连接板焊接的钢筋接头		
9	钢筋或螺(锚)栓与钢板穿孔塞焊的接头		

2. 钢筋的画法图例（表 10-12）

钢筋画法图例　　　　　　　　　　　　表 **10-12**

序号	说　　明	图　　例
1	在结构楼板中配置双层钢筋时,底层钢筋的弯钩应向上或向左,顶层钢筋的弯钩则向下或向右	(底层)　　　(顶层)
2	钢筋混凝土墙体配双层钢筋时,在配筋立面图中,远面钢筋的弯钩应向上或向左,近面钢筋的弯钩向下或向右(JM 近面,YM 远面)	
3	若在断面图中不能表达清楚的钢筋布置,应在断面图外墙加钢筋大样图(如:钢筋混凝土墙,楼梯等)	
4	图中所表示的箍筋,环筋等若布置复杂时,可加画钢筋大样及说明	

序号	说　明	图　例
5	每组相同的钢筋、箍筋或环筋,可用一根粗实线表示,同时用一两端带短划线的横穿细线,表示其钢筋及起止范围	

3. 文字注写构件的表示方法

（1）在现浇混凝土结构中，构件的截面和配筋等数值可采用文字注写方式表达。

（2）按结构层绘制的平面布置图中，直接用文字表达各类构件的编号（编号中含有构件的类型代号和顺序号入断面尺寸、配筋及有关数值）。

（3）混凝土柱可采用列表注写和在平面布置图中截面注写方式，并应符合下列规定：

1）列表注写应包括柱的编号、各段的起止标高、断面尺寸、配筋、断面形状和箍筋的类型等有关内容。

2）截面注写可在平面布置图中，选择同一编号的柱截面，直接在截面中引出断面尺寸、配筋的具体数值等，并应绘制柱的起止高度表。

（4）混凝土剪力墙可采用列表和截面注写方式，并应符合下列规定：

1）列表注写分别在剪力墙柱表、剪力墙身表及剪力墙梁表中，按编号绘制截面配筋图并注写断面尺寸和配筋等。

2）截面注写可在平面布置图中按编号，直接在墙柱、墙身和墙梁上注写断面尺寸、配筋等具体数值的内容。

（5）混凝土梁可采用在平面布置图中的平面注写和截面注写方式，并应符合下列规定：

1）平面注写可在梁平面布置图中，分别在不同编号的梁中选择一个，直接注写编号、断面尺寸、跨数、配筋的具体数值和相对高差（无高差可不注写）等内容。

2）截面注写可在平面布置图中，分别在不同编号的梁中选择一个，用剖面号引出截面图形并在其上注写断面尺寸、配筋的具体数值等。

（6）重要构件或较复杂的构件，不宜采用文字注写方式表达构件的截面尺寸和配筋等有关数值，宜采用绘制构件详图来表示。

（7）基础、楼梯、地下室结构等其他构件，当采用文字注写方式绘制图纸时，可采用在平面布置图上直接注写有关具体数值，也可采用列表注写的方式。

（8）采用文字注写构件的尺寸、配筋等数值的图样，应绘制相应的节点做法及标准构造详图。

10.5 钢结构图例

1. 常用型钢的标注方法（表 10-13）

常用型钢的标注方法　　　　　表 10-13

序号	名　称	截　面	标　注	说　明
1	等边角钢		$b \times t$	b 为肢宽 t 为肢厚
2	不等边角钢	B	$B \times b \times t$	B 为长肢宽 b 为短肢宽 t 为肢厚
3	工字钢		N Q N	轻型工字钢加注 Q 字
4	槽钢		N Q N	轻型槽钢加注 Q 字
5	方钢	b	b	—
6	扁钢	b	$-b \times t$	—

295

序号	名　　称	截　　面	标　　注	说　　明
7	钢板	——	$-\dfrac{-b\times t}{L}$	$\dfrac{宽\times 厚}{板长}$
8	圆钢	⊘	ϕd	
9	钢管	○	$\phi d\times t$	d 为外径 t 为壁厚
10	薄壁方钢管	□	$B\;\square\;b\times t$	
11	薄壁等肢角钢	⌐	$B\;\llcorner\;b\times t$	
12	薄壁等肢卷边角钢		$B\;b\times a\times t$	薄壁型钢加注 B 字 t 为壁厚
13	薄壁槽钢		$B\;h\times b\times t$	
14	薄壁卷边槽钢		$B\;h\times b\times a\times t$	
15	薄壁卷边Z型钢		$B\;h\times b\times a\times t$	
16	T 型钢	⊤	TW　×× TM　×× TN　××	TW 为宽翼缘 T 型钢 TM 为中翼缘 T 型钢 TN 为窄翼缘 T 型钢
17	H 型钢	H	HW　×× HM　×× HN　××	HW 为宽翼缘 H 型钢 HM 为中翼缘 H 型钢 HN 为窄翼缘 H 型钢
18	起重机钢轨		⊥ QU××	详细说明产品规格型号
19	轻轨及钢轨		⊥ ××kg/m 钢轨	

2. 螺栓、孔、电焊铆钉的表示方法（表 10-14）

296

螺栓、孔、电焊铆钉的表示方法　　　　表 10-14

序号	名　　称	图　　例	说　　明
1	永久螺栓		
2	高强度螺栓		
3	安装螺栓		1. 细"＋"线表示定位线； 2. M 表示螺栓型号 3. ϕ 表示螺栓孔直径 4. d 表示膨胀螺栓、电焊铆钉直径 5. 采用引出线标注螺栓时, 横线上标注螺栓规格, 横线下标注螺栓孔直径
4	膨胀螺栓		
5	圆形螺栓孔		
6	长圆形螺栓孔		
7	电焊铆钉		

10.6　常用建筑材料图例

常用建筑材料应按表 10-15 所示图例画法绘制。

常用建筑材料图例　　　　表 10-15

序号	名　　称	图　　例	备　　注
1	自然土壤		—
2	夯实土壤		—
3	砂、灰土		

序号	名　称	图　例	备　注
4	砂砾石、碎砖三合土		—
5	石材		—
6	毛石		—
7	普通砖		—
8	耐火砖		—
9	空心砖		—
10	饰面砖		—
11	焦渣、矿渣		—
12	混凝土		—
13	钢筋混凝土		—
14	多孔材料		—
15	纤维材料		—
16	泡沫塑料材料		—
17	木材		—

序号	名　称	图　例	备　注
18	胶合板		—
19	石膏板		—
20	金属		—
21	网状材料		—
22	液体		—
23	玻璃		—
24	橡胶		—
25	塑料		—
26	防水材料		—
27	粉刷		—

注：序号1、2、5、7、8、13、14、16、17、18图例中的斜线、短斜线、交叉斜线等均为45°。

10.7　常用室内装饰装修材料图例

常用房屋建筑室内材料、装饰装修材料应按表10-16所示图例画法绘制。

常用房屋建筑室内装饰装修材料图例　　表 10-16

序号	名　称	图　例	备　注
1	夯实土壤		—
2	砂砾石、碎砖三合土		—
3	石材		注明厚度

299

序号	名　称	图　例	备　注
4	毛石		必要时注明石料块面大小及品种
5	普通砖		包括实心砖、多孔砖、砌块等。断面较窄不易绘出图例线时,可涂黑,并在备注中加注说明,画出该材料图例
6	轻质砌块砖		指非承重砖砌体
7	轻钢龙骨板材隔断		注明材料
8	饰面砖		包括铺地砖、墙面砖、陶瓷锦砖
9	混凝土		1. 指能承重的混凝土及钢筋混凝土 2. 各种强度等级、骨料、添加剂的混凝土
10	钢筋混凝土		3. 在剖面图上画出钢筋时,不画图例线 4. 断面图形小,不易画出图例线时,可涂黑
11	多孔材料		包括水泥珍珠岩、沥青珍珠岩、泡沫混凝土、非承重加气混凝土、软木、蛭石制品等
12	纤维材料		包括矿棉、岩棉、玻璃棉、麻丝、木丝板、纤维板等
13	泡沫塑料板		包括聚苯乙烯、聚乙烯、聚氨酯等多孔聚合物类材料
14	密度板		注明厚度
15	实木		表示垫木、木砖或木龙骨

序号	名 称	图 例	备 注
15	实木		表示木材横断面
16	胶合板		注明厚度或层数
17	多层板		注明厚度或层数
18	木工板		注明厚度
19	石膏板		1. 注明厚度 2. 注明石膏板品种名称
20	金属		1. 包括各种金属,注明材料名称 2. 图形小时,可涂黑
21	液体		注明具体液体名称
22	玻璃砖		注明厚度
23	普通玻璃		注明材质、厚度
24	磨砂玻璃	(立面)	1. 注明材质和厚度 2. 本图例采用较均匀的点
25	夹层(夹绢、夹纸)玻璃	(立面)	注明材质、厚度
26	镜面	(立面)	注明材质、厚度

序号	名 称	图 例	备 注
27	橡胶		—
28	塑料		包括各种软、硬塑料及有机玻璃等
29	地毯		注明种类
30	防水材料	（小尺度比例） （大尺度比例）	注明材质、厚度
31	粉刷		本图例采用较稀的点
32	窗帘	（立面）	箭头所示为开启方向

注：序号 1、3、5、6、10、11、16、17、20、23、25、27、28 图例中的斜线、短斜线、交叉斜线等均为 45°。

参 考 文 献

［1］ 张毅. 工程项目建设程序［M］. 北京：中国建筑工业出版社，2011.

［2］ 张毅. 建设项目造价费用［M］. 北京：中国建筑工业出版社，2013.

［3］ 张毅. 建设项目造价咨询范例［M］. 北京：中国建筑工业出版社，2013.

［4］ 李兆荣. 工程项目造价概述［M］. 上海：科学普及出版社，2002.

［5］ 建设工程劳动定额编写组. 建设工程劳动定额宣贯材料［M］. 北京：中国计划出版社，2009.

［6］ 规范编写组. 2013 建设工程计价计量规范辅导［M］. 北京：中国计划出版社，2013.

［7］ 张国栋. 工程量清单分部分项计价与预算定额计价对照实例详解［M］. 北京：中国建筑工业出版社，2012.

［8］ 王在生，吴春雷. 建筑与装饰工程计量计价技术导则［M］. 北京：中国建筑工业出版社，2014.